科普图书馆

了不起的动物世界

丛林里的精灵

廖春敏 主编

上海科学普及出版社

图书在版编目（CIP）数据

丛林里的精灵 / 廖春敏主编. — 上海：上海科学普及出版社，2014.9

（了不起的动物世界）

ISBN 978-7-5427-6208-5

Ⅰ.①丛… Ⅱ.①廖… Ⅲ.①动物—普及读物 Ⅳ.①Q95-49

中国版本图书馆CIP数据核字（2014）第176218号

策　　划　胡名正
责任编辑　刘湘雯

了不起的动物世界
丛林里的精灵
廖春敏　主　编
上海科学普及出版社出版发行
（上海中山北路832号　邮政编码 200070）
http://www.pspsh.com

各地新华书店经销　　三河市恒彩印务有限公司印刷
开本 889mm×1194mm　1/16　印张 8　字数 160 000
2014年9月第1版　2014年9月第1次印刷

ISBN 978-7-5427-6208-5　　　　　　定价：23.80元

前 言

FOREWORD

　　动物是自然界中的一个大类群，它们生活范围广泛，地球上所有的海洋、陆地，包括山地、沙漠、森林、草原、农田、水域以及两极在内的各种生境，都生活着形形色色的动物，它们是地球自然环境不可缺少的组成部分。这些生活在不同环境中的动物都有各自独特的外形、生活方式、生存优势，这是它们长期适应自然选择的结果。它们有的庞大，有的弱小；有的凶猛，有的和善；有的奔跑如飞，有的缓慢蠕动；有的翱翔天空，有的游弋水中……即使它们面对食物链中弱肉强食的残酷，也同样在自然界中演绎着各自独特的生命奇迹，每一个片段都是如此的精彩。

　　我们在千千万万种动物中，精心挑选出不同生境中具有代表性的动物，捕捉到这些精灵的每一个精彩瞬间，用生动的语言，讲述故事一般地把这些动物的基本特征、繁殖策略、奇异行为、独特本领、捕食妙招、有力武器等各种令人惊叹的非凡能力展现给每一位读者，让读者看到一个了不起的动物世界。

　　本丛书"了不起的动物世界"共分4册，本册《丛林里的精灵》，讲述那些生活在大森林里的，大家耳熟能详的动物与众不同的生存之道。它们的外貌也许为大家所熟知，但是它们更具体的生存状况，更真实的生活方式，更有趣的饮食习惯、育儿方式、"娱乐爱好"等，也许是大家没有深入了解过的，本书就将带领读者了解更多的这些丛林精灵那些鲜为人知的"内幕",并将读者带入更深入的思索,以解答更多的疑问和谜团。

为了给读者创造更好的阅读享受,让读者更真实地体验到丛林动物生存的精彩画面,参与本书编撰出版的诸位老师:廖春敏、李坡、孙鹏、王玲玲、刘佳、陈晓东、李立飞、白海波等,在文字撰写、图片使用、版面设计上都倾注其所有心思,力求做到文字充满青春张力、图片新颖贴切、设计清丽明快。在此感谢以上各位老师为本书所做的各种工作!

最后,希望本书能够成为各位读者了解动物世界的良师益友。

编 者

目录 CONTENTS

老虎 …………………………………… 1
天生的猎手 ……………………………… 1
保持远距离的联系 ……………………… 2

狼 ……………………………………… 5
家犬的"表亲" …………………………… 5
捕食"老、弱、病、残" ………………… 6
群体生活 ………………………………… 7
保护最后的野狼 ………………………… 10

狐狸 …………………………………… 11
体型、分布与竞争 ……………………… 11
精明的捕食者 …………………………… 13
复杂的社会关系 ………………………… 14
"味"和"声"的秘密 …………………… 15

獾 ……………………………………… 18
快速进食者 ……………………………… 18
共同照料幼崽 …………………………… 19

保护区——最后的避难所……………20	野生大熊猫并无繁殖障碍……………31

鬃狼与貉 …………………21
爱吃水果的鬃狼………………………21
皮毛贵重的貉…………………………22

棕熊 ……………………24
与黑熊保持距离………………………24
冬眠的策略……………………………25

美洲黑熊 ………………27
超强的适应能力………………………27
努力繁殖后代…………………………29

大熊猫 …………………30
吃竹子的"熊"…………………………30

马来熊和懒熊 …………33
性格温顺的马来熊……………………33
爱吃蜂蜜的懒熊………………………33

蜜熊 ……………………35
在树冠间荡来荡去……………………35
过着猴子一样的生活…………………36

小熊猫和蓬尾浣熊 ……39
"缩小"的大熊猫………………………39
蓬尾浣熊——小块头,大食量………41

貂 类 ……………………42
豪猪的致命敌人………………………42

复杂的环境网络	54
避免在夜间相遇	55

丛猴、懒猴和树熊猴 … 57
雌雄难辨 … 57
跳跃专家和爬行专家 … 58
不怕毒食 … 60
分散的觅食者群落 … 62
"一雄多雌"制的生活 … 62

卷尾猴类 … 64
树顶的"居民" … 64
激烈的食物竞争 … 65
基于觅食而形成的复杂社会 … 68

"花心"的伴侣 … 44

獴类 … 45
面相古怪 … 45
冲出亚洲，走向世界 … 46
身体就是"储物箱" … 46
灵活的家庭组织 … 47
低成本育儿 … 49

疣猴和叶猴 … 72
正在进化的身体 … 72
"大本营"在亚洲 … 73
构造独特的胃 … 73
表情严肃的猴子 … 74

长臂猿 … 79
成功的猿类 … 79
种类单一，分布集中 … 80
偏爱果实 … 81
娴熟的"歌手" … 82

臭鼬 … 50
拥有"化学武器" … 50
妈妈单独照料宝宝 … 51

倭狐猴和鼠狐猴 … 53
冬眠的夜行者 … 53

猩猩 … 86
共同的祖先 … 86
领地广阔 … 87
具备专业取食技能 … 88

独来独往，热爱"学习"…………… 89
处于灭绝的危险之中………………… 91

貘 …………………………………… 92
仅存的种类……………………… 92
喜水的陆地动物………………… 92
边吃植物边散播种子…………… 94

西猯 ………………………………… 95
森林中的"猪"…………………… 95
群体防御策略…………………… 96

鹿 …………………………………… 98
鹿角的重要性…………………… 98
需要获取更多的矿物质………… 100
用"鹿角游戏"测试力量………… 101

松 鼠 ……………………………… 104
挖掘者、攀爬者和滑行者……… 104

树 懒 ……………………………… 107
毛发里长绿藻…………………… 107

当"亲属"偶然相遇………………… 109
小树懒继承母树懒的领地………… 110

刺猬和鼠猬 ……………………… 111
爬满跳蚤的"盔甲"………………… 111
猎食无脊椎动物…………………… 114
危险的冬眠期……………………… 116

老 虎

> 和其他动物比起来，老虎在人们的心目中具有举足轻重的地位。到了后来，老虎则成了"保护者"的象征。而老虎在这个星球上的生存状态，也代表了人类在努力协调与其相互矛盾的需求和欲望。

一般说来，人们认为老虎和狮子是猫科动物中体型最大的，事实上也是如此，老虎和狮子的体型大小的确差不多。在印度次大陆和俄罗斯都曾经发现过世界上最大的老虎，在那些地方，雄性老虎的体重平均在180～300千克之间。但是在印度尼西亚苏门答腊岛上，雄性老虎的体重平均只在100～150千克之间。

• 天生的猎手

在猫科动物家族中，动物们大多善于追踪猎物，而且还能把自己隐蔽得很好，最后突然袭击把猎物抓到。除了它们的体型和皮毛的颜色以外，这些技能和特征就是猫科动物和其他动物之间最大的区别。

老虎和其他的大型猫科动物一样，要靠捕猎才能生存下去，而这些猎物往往比老虎本身的块头还要大。老虎的前肢短而粗，有着长长的锋利的爪子，而且这些爪子是可以收缩的；一旦老虎"看上"了一只大型的猎物，这些外在条件就能保证它把猎物捕获。老虎的头骨看上去像缩短了一样，这让它本来就很强大的下颚更增加了力量。它们通常会从猎物的背后袭击，在脖子上咬上致命的一口。有的时候，它们还会紧紧地咬住猎物的咽喉处，使猎物因窒息而死。

然而，完全属于老虎独一无二的特征的，还是它们背上黄白相间的皮毛、黑色的斑纹——事实上，每只老虎的身上都有它自己特殊的图案，通过这些图案就能分辨出单个的老虎。

如果你去过动物园，就知道白老虎是最不常见的。这种老虎可不是

↙ 一头老虎正迈着中等的步伐向猎物进攻，向我们充分展示了这种顶级肉食动物的力量和杀气。为了寻找猎物或保护领地，老虎经常在一天之内长途奔袭10～20千米。

知识档案

老虎
目 食肉目
科 猫科

尽管形态学的研究表明虎的亚种之间存在一种渐变群变异的情况，但是，人们仍然分辨出了虎的8个亚种，分别是：（1）孟加拉虎，分布在印度、孟加拉国、不丹、中国、缅甸西部和尼泊尔；（2）印支虎，分布在柬埔寨、中国、老挝、马来西亚、缅甸东部、泰国、越南；（3）苏门答腊虎，分布在印度尼西亚的苏门答腊岛；（4）阿穆尔虎（又称西伯利亚虎，中国称东北虎），分布在俄罗斯、中国、朝鲜（尚未确认）；（5）华南虎，分布在中国；（6）里海虎，曾经在阿富汗、伊朗、中国、俄罗斯、土耳其发现过，但是现在已经绝种；（7）爪哇虎，印尼的爪哇岛曾经有分布，现在已经绝种；（8）巴厘虎，印尼的巴厘岛曾经有分布，现在已经绝种。

分布 印度、东南亚、中国、俄罗斯的远东地区。
栖息地 极其广泛，从中亚的芦苇地到东南亚的热带雨林，再到俄罗斯远东地区的温带落叶、针叶林都有老虎的栖息地。
体型 体长：孟加拉雄虎2.7~3.1米，雌虎2.4~2.65米；体重：雄性180~258千克，雌性100~160千克。
皮毛 整体上呈橘黄色，在背部和腹部两侧的皮毛上间隔着黑色的条纹，腹部下侧基本上是白色的；雄性老虎的额头上具有显著的"王"字条纹；在东南亚热带雨林和巽他群岛的热带雨林中曾经发现黑色的老虎；阿穆尔虎的颜色比较浅，而且在冬季和夏季的颜色有所不同；在印度中部曾经出现过白色的老虎（有棕色条纹），这可能是亲代中存在某种隐性基因的缘故，但在野外状态下这种白色老虎是比较少见的。
食性 主要捕食大型有蹄类动物，如各种野鹿、野牛、野猪等；有时也捕食比较小的猎物，如猴子、獾类，甚至还会捕捉鱼类为食。
繁殖 雌性老虎在3~4岁的时候性发育成熟，雄性稍微晚点，约在4~5岁的时候；成熟后每年的任何时候都能交配，孕期平均约103天；每胎产崽在1~7只之间，通常是2~3只；幼虎在出生1.5~2年之后开始独立生活。
寿命 在尼泊尔皇家吉特湾国家公园里一头野生老虎曾经活到了15岁，动物园里人工喂养的老虎寿命最长可达26岁。

靠科技上的白化变出来的，它们都是一只名叫"莫汗"的老虎繁衍出来的后代——"莫汗"是被印度中央邦雷瓦地区的王公捉住的一只雄性孟加拉虎。也有报道说，在印度其他地区曾经出现过全身几乎都是黑色的老虎。然而，不管是全身白色的老虎，还是全身都是黑色的老虎，这样的种类在野生动物界中都是极为罕见的。

尽管老虎的种类出现了皮毛上的变异，但令人惊奇的是，所有的老虎都拥有垂直的斑纹。这些斑纹为它们提供了非常好的伪装，借助这身伪装，老虎就能一直跟踪着猎物，直到距离猎物足够近的时候，再向猎物发动猛烈而致命的攻击，最后成功地捕获猎物。

● **保持远距离的联系**

狮子和猎豹的栖息地比较开阔，

没有厚密的树林,所以它们在捕猎的时候,不会过度地隐蔽自己;老虎则不同,它们是最善于隐蔽自己和埋伏捕猎的肉食动物。在环境相对狭小而猎物又相对分散的情况下,老虎捕猎就很少合作,所以,老虎的社会体系相对松散。虽然它们相互之间保持着联系,但个体之间的距离却比较遥远。

多项无线电通信的追踪调查研究表明,在尼泊尔和印度,雌性老虎和雄性老虎都有各自的领地,而且会阻止同性老虎进入。母虎的领地相对比较小,而且与这个地区食物和水的丰富程度以及要抚养的幼虎个数有很大关系。一头雄性老虎总是负责保护几头雌性老虎各自的领地,并且总是在试图扩大领地。一头雄虎的成功与否以及其领地大小,都取决于它的力量和战斗能力。通常,雄虎不承担幼虎的具体抚养责任,它只负责保护好这块领地不受其他雄虎的侵犯就行了。

对老虎来说,在保住自己领地的过程中潜藏着危险,即便打赢了也可能受伤,甚至有失去捕猎能力的可能,最终导致饿死。因此,老虎会留下标记,暗示其他老虎这个地方已经有主人了,以尽量减少无谓的"战争"。其中一种标记就是尿液(但是混合了肛门附近的腺体分泌物),老虎把这种混合液撒在树上、灌木丛里和岩层表面等处;还有一种标记就是粪便和擦痕,老虎把它们留在常走的路上和领地中所有明显的地方。这些标记的作用可能是告诉其他老虎,这个地盘已经有主人了;也可能是传递另外一些信息,如其他老虎可以通过这种气味辨别出这是哪一只老虎留下来的。通常,当一头老虎已经死亡而

↗ 在热带地区,老虎大多数时间都待在河边或者其他水域边上,而且为了降温,常常躺在水里或站在水里。老虎是一个熟练的游泳者,它能毫不费力地游泳通过7~8千米宽的大河。

不能再继续拥有那块地盘的时候,外边的另一头老虎会在短短的几天或几个星期之内占领这块已经没有主人的地盘,并释放出某种气味信号。

老虎在3~5岁的时候性发育成熟,但是建立自己的领地和开始繁殖后代则需要更长的时间。母虎在一年之中的任何时候都可能生育幼崽。母虎到了发情期会频繁地发出吼叫,而且加快某种气味标记释放的频率,以这种方式来告诉雄虎它要交配。交配期通常会持续2~4天。母虎平均怀孕103天后就会生产,通常每胎产2~3只幼崽。幼崽刚生出来的时候不能睁开眼睛,需要精心的照料。至少在出生后第1个月的时间里,虎崽需要吃母虎的奶才能存活,而且要待在虎穴里保证安全。

虎崽长到一两个月大的时候,母虎就开始带着它们离开巢穴过野外生活,但当它们遇到追杀的时候,也会逃回原来的巢穴。当虎崽6个月大时,母虎就开始教给它们如何捕猎、如何进行隐蔽、如何杀死猎物等各项本领。雄虎一般是不参与抚养虎崽的,但是偶尔也会参加进来,甚至让母虎和虎崽们分享它捕到的猎物。当一头雄虎占领了一头母虎的地盘后,它就会杀死这头母虎原来所生的幼崽(也就是"杀婴行为"),然后迫使这头母虎的发情期提前到来,跟它交配,从而尽快地生出自己的后代。

虎崽一般至少要跟着母虎生活15个月,才会逐步开始独立生活。这时,尽管幼虎的身体还没有完全发育成熟,但是,它仍然要主动离开母虎,否则只能被母虎赶走,因为母虎通常已经开始准备生育下一胎幼崽了。

↗ 通过嗅闻雌虎留下的尿痕,雄虎就能辨别出是哪一头雌虎留下的,然后会做出一个不常见的表情,就像图中显示的那样:抬起头,伸出舌头向后弯曲,脸部扭曲,使尿味和其他化学成分的味道不至于一直留在鼻孔里。

狼

> 在北欧文明的许多神话里,狼经常被作为神明供奉在寺庙中。《伊索寓言》中屡次提到狼的狡黠。在诸多的罗马神话中有一则神话说,罗马城的缔造者罗穆卢斯和瑞摩斯两兄弟就是由狼养大的。现在,有些地方的人们正在想办法重新引进狼,因为狼在他们那个地方已经消失多年了,而有些地方的人们正在努力地把狼永远地驱逐开。

几千年来,狼一直在和人类争夺猎物,而且经常咬死人类喂养的家畜。有意思的是,被人类驯化的狼,也就是家犬,却成为人类最忠实的朋友。令人奇怪的是,人类和这种最大的犬科动物的关系有些自相矛盾的地方。许多故事讲到,狼经常在世界上的各个地方攻击人类,而牧人们却非常需要一种强壮、警觉的驯化的狼来保护他们的家畜,赶走那些危险的动物。狼群能够咬死大批没有家犬保护的家畜。常常有报道说,欧洲和北美的牧羊人一个晚上就会损失几十只羊,而这些坏事都是狼干的。

● 家犬的"表亲"

以前狼遍布在世界各个地方,但现在却被限制在了比较小的范围内。现在有狼的地方主要包括:东欧大陆的森林地区、地中海周边山区的个别地方、中东的山区和半荒漠化地区、北美地区、俄罗斯和中国的荒野之地。现在人们发现,俄罗斯境内狼的数量最多,据估计有4万~6万只。

在所有的犬科动物中,狼的种类相对来说还算是比较多。由于狼有很强的适应能力,各个地方的气候环境又有所不同,因此导致了狼有很多亚种。最典型的成年狼体重约38千克,肩高70厘米,这就是德国一种大型的牧羊犬(可以说犬是狼的一个亚种)。栖息在沙漠和半沙漠地区的狼体型最小,栖息在森林中的狼体型为中等,而生活在北极地区的狼的体型最大。

狼的皮毛颜色有很多种,白色、灰色、黑色都有。当然最多的还是灰色,而且会带着黑色的斑点。栖息在沙漠和北极地区的狼的皮毛颜色最浅;北美和俄罗斯的狼常常是棕色或黑色;欧洲地区黑色的狼则极少。是什么导致了狼有这么多的毛色,人们

知识档案

狼
目 食肉目
科 犬科

犬属，共有9种，其中有2种是狼（灰狼和红狼），现在狼有32个亚种。

分布 北美大陆，亚欧大陆。

灰狼

分布在北美大陆、欧洲、亚洲和中东地区，栖息地主要有森林、苔原、沙漠、平原和山区。灰狼亚种主要包括：欧洲和俄罗斯狼，栖息在欧亚大陆的森林地带，体型中等，毛较短且呈深黑色；西伯利亚平原狼，栖息在中亚平原的稀树地带和沙漠地区，体型较小，毛较短较粗糙，呈灰褐色；苔原狼，有欧洲苔原狼和北美苔原狼两种，体型都比较大，毛较长且呈浅色；东部森林狼，曾经是北美大陆分布最广的亚种，但现在只栖息在人口密度比较低的地区，体型较小，体毛通常呈灰色；大平原狼或称布法罗狼，体毛从白色到黑色都有，过去常常随着大群的野牛在北美大平原上迁徙，现在已经绝种了。**体型：** 灰狼体长100~150厘米，尾长31~51厘米，肩高66~100厘米，体重12~75千克，公狼大体上比母狼在各个方面都会大一些。**皮毛：** 通常是灰色到茶黄色不等，但是北美的苔原狼有白色、红色、棕色和黑色几种颜色；一般来说，灰狼腹部下侧的体毛颜色会比较浅一些。**繁殖：** 怀孕期为61~63天。**寿命：** 一般寿命在8~16岁之间，人工圈养的能活到20岁。

红狼

主要分布在美国的东南部地区，栖息在靠近海岸的平原和森林中。**体型：** 体重15~30千克。**皮毛：** 体毛呈肉桂色或茶色，有灰色和黑色的亮点。**繁殖：** 与灰狼相同。**寿命：** 也与灰狼相同。

现在还不是很清楚。

● 捕食"老、弱、病、残"

狼捕食的猎物范围非常广，而且大部分猎物的体型都比狼自身要大。它们的主要猎物是大型的有蹄类动物，如驼鹿、麋鹿、鹿、绵羊、山羊、北美驯鹿、麝牛和美洲野牛属的两种野牛等。尽管狼有足够的能力杀死成年且健康的大型猎物，但是专家们在野外进行的多项调查显示，它们杀死的猎物中有60%以上是幼小、病弱或年老的动物。由于狼有很高的警觉性，善于观察形势，所以，人们很难直接观察到它们的捕食行为，专家调查到的结果中显示的狼捕食老弱病残猎物的比例可能比实际要低。实际上，身体健壮的猎物往往能逃脱狼群的追捕，甚至有时还能在与狼群的战斗中占得上风。如驼鹿、美洲野牛、麋鹿和其他鹿偶尔会占据比较高的有利地形，甚至会杀死追捕它们的狼。

有时，狼会捕捉一些小型的哺乳动物作为食物的补充，如野鼠、河狸和野兔等。在某个季节，如果可能的话，狼还会以鱼类、浆果甚至腐肉作为食物。在加拿大北极地区栖息的狼夏季会以小型哺乳动物和鸟类为食，因为这时它们的主要猎物美洲野牛会迁往南方。每到夏天，北极地区的狼群就会解体,除了一些个体与处在生育期的一对头狼保持松散的联系之外,其他的个体都会离开。当野外的食物很少时,狼甚至也会跑到人类居住区的附近,在垃圾堆里捡一些腐肉和人类扔掉的其他东西来吃。在欧洲的罗马尼亚和意大利的一些城镇近郊,就会时不时地跑来一些野狼,"打扫"人类丢弃的腐肉。

● **群体生活**

尽管狼的行为存在着某种程度的差异,但是也表现出了高度的相似性,它们都通过视觉、听觉和嗅觉来保持联系。与家犬一样,当狼翘起尾巴,竖起耳朵,就表示它正在保持高度的警觉,而且准备好了要发起进攻。狼的面部表情,特别是嘴唇的位置以及是否露出牙齿,是最显著的交流信号。如果狼翘起嘴唇,露出牙齿,就表示它们在互相联系。狼发出的声音包括以下几种:长而尖的叫声、短促而尖厉的吠声、刺耳短促的咆哮声和长长的嚎叫声。这些声音能传到8千米远的地方,狼能通过这些叫声来保持联系。当年轻的小狼单独行动的时候,它们会压低自己的嚎叫声,使得这种声音更像是一只成年狼发出的,这样可以减少一些危险。狼的尿液和其他排泄物会散发出气味,而且可以表明这只狼在狼群中的地位身份和它的生育情况,也可以表明这块领地的占有情况。狼的尾巴上靠近臀部的地方有一个腺体,可以发散出一些化学物质,这种化学物质也是狼进行联系的手段。

狼用肢体语言和面部表情来向同类传递信息。图上标号为"1"的是一只红狼,它的这个姿态表示自己地位低下,正向地位高的狼致敬问候;标号为"2"的是一只阿拉伯狼,它的这个姿势表示它正在发出威胁的信号,要进行防御;标号为"3"的是一只墨西哥狼,它的这个姿势表示要开始主动进攻。下面一排是狼的面部表情,a图是带侵略性的防御表情,b图是极强的防御表情,c图是极强的进攻表情,d图是玩耍时候的表情,e图表示顺从,f图表示友善。

图中的这只狼是一只母狼，它正在用鼻子爱抚它的幼崽。当小狼崽断奶之后，它就开始吃固体食物，往往先是吃从母狼嘴里回吐出来的东西，狼群中其他狼也可能会喂给小狼崽这样的食物。对于刚断奶的小狼来说，吃这种已经经过充分咀嚼的食物，比那些"未经加工"的生肉更容易消化。

通过对捕获的狼进行的研究表明，狼的智商相当高，集体生活的程度也非常高。尽管存在着一些单独生活的狼，但是大部分的狼都生活在狼群里。狼群基本上是一个扩大了的"家庭"，通常有5～12名成员，具体的成员个数由食物的丰富程度决定。在加拿大西北部的栖息地里，有时候一个狼群的成员个数很多，特别是在捕食大型的北美野牛的时候，参加进来的成员个数能达到20～30名。

一个狼群通常包含这么几种成员：占主导地位的一对狼"夫妻"、几个狼崽、前两年出生的年轻小狼，以及其他一些有血缘关系的狼。很显然，这个狼群的核心就是那对狼"夫妻"，它们常常负责交配和生育后代，一般每年都会生育一窝幼崽。尽管小母狼在出生10个月之后就能怀孕生崽，但是大部分的狼都会在出生22个月之后才交配生育。

狼群的社会等级结构非常严格。通常，母狼和公狼有各自的等级体系，每只母狼或公狼都知道自己在各自体系中确切的地位，但是由于生育关系的不同，狼群中的交配关系比较复杂。母狼等级体系中有一只地位最高的母狼，公狼等级体系中也有一只地位最高的公狼，地位最高的母狼或公狼充当这个狼群的最高首领。动物行为学家指出，狼群中这个最高首领的责任包括：维持狼群的等级次序，决定捕猎的地点方位，等等。需要指出，狼群的等级次序并不是一成不变的，狼之间存在着激烈的竞争，尤其是在每年冬季狼交配怀孕的季节里，竞争会更加激烈，最后会导致狼群权力结构的"重新洗牌"。

两个狼群相遇的时候，极有可能爆发一场"战争"。一场战争的典型场景之一就是：一只将要死的狼倒在战场上，发出最后的吼叫，然后死去，战争也以这种残酷的场景结束。但是这种破坏力极大的相遇非常少，为了尽量减少这种相遇，狼群常常严格限制自己的活动范围，在一个相对"排他性"的领地内活动。领地范围一般为65～300平方千米，不过领地最外面宽1千米左右的地区是和相邻的狼群或单独行动的狼共同拥有的。狼很少到这种领地外围地区，因为到这个外围地带就难免要碰上敌对的狼群，这是相当危险的，要尽量少去。

为了进一步减少"战争"爆发的危险，狼常常在领地上制作出许多气味标记。在狼群活动的路上，为首的狼会向一些物体或在明显的地方撒尿做出气味标记，平均每3分钟就撒一次尿。领地四周的气味标记密度通常是领地内部的两倍，这是因为领地的四周常常有陌生的狼做下的标记，为了使自己的标记超过陌生者的标记，它们会加快在领地四周做标记的频率。这些领地四周高密度的标记，不管是自己做的还是陌生者做的，都有助于一个狼群认出自己领地的范围和四周的边界，这样就会减少进入危险地带的机会，从而减少狼群之间发生残酷战争的概率。

当然，只有气味标记还不能完全避免两个狼群无意的相遇。当两个狼群同时在领地共同的边界上巡逻的时候，它们之间的相遇就很有可能了。在这种情况下，狼群可能要发出嗥叫声，以示警告，但这却是一个非常危险的策略。因为嗥叫的时候就难免被对方听出音量的强弱，进而判断出嗥叫的狼群成员的个数以及狼群实力的大小。如果对方的成员数量多于嗥叫一方狼群的数量，而且对方具有侵略性的话，仍然会招致一场"战争"。因此，只有在极少数的情况下，狼群才会发出嗥叫声，而且在嗥叫的时候，每个成员都要一齐发声，尽量不让对方听出来自己的实力。对方狼群如果觉得有足够的实力抗衡，或者正在防卫自己的资源而且不准备放弃的话，就会对正在嗥叫的狼群也发出嗥叫进行回应。

● **保护最后的野狼**

野生的狼需要野外的生存环境。如果一个狼群生活在猎物非常丰富的地区，如美国的黄石国家公园，那么它们只需要一块占地约150~300平方千米的"排他性"领地就行；如果一个狼群生活在北极地区而且以美洲野牛为主要猎物，则需要一块占地4万平方千米，甚至更大的领地才行。为了维持生存，一个狼群领地内的猎物至少要达到每100平方千米有40头马鹿或相当于40头马鹿的食物。但在我们人类主宰的这个地球上，这些狼群的要求越来越难以得到满足。

要想使保护狼群的努力获得成功，必须满足两个条件：一是当地人都必须认识到保护狼群的重要意义，当地社会要普遍接受保护狼群的观念；二是必须切实保护当地的生态系统，满足狼群的生存需要。在世界上的大多数地区，土地所有者和当地政府以及动物保护组织必须联合起来，共同采取保护狼群的措施，确保狼群的生存需要。

↗ 人们常说"狼喜欢在夜里对着月亮嗥叫"，但事实上，它们这样嗥叫只是为了向其他狼传递信息，表明自己的存在。一般来说，狼发出嗥叫的目的是为了警告附近的狼群，避免互相敌对的狼群碰面，以减少冲突。而单个生活的狼是很少嗥叫的，因为这样的嗥叫会引来其他狼群的攻击，是非常危险的。

狐狸

在《伊索寓言》里，狡猾的狐狸捉弄了鹳鸟；在法国中世纪的《列那狐的故事》中，狐狸则被描述成一个英雄，常常能够战胜强大的敌人；在英国童话作家比阿特丽克斯·波特写给小朋友们的故事中，也常常出现狐狸的形象，狡猾、诡计多端的狐狸常常捉弄那只泥鸭子杰迈玛。不同的文化中有许多不同的狐狸形象，而且这些形象出现在广为大众阅读的故事里。这至少可以说明：狐狸的分布范围很广，而且狐狸还有各种各样的行为方式。

狐属是犬科中包含物种最多的一个属，有12种狐狸，而且也是犬科中分布范围最广的一个属。另外，狐属中的赤狐是分布范围最广的一种，而且赤狐在所有的犬科动物中是适应能力最强的，这一点已经被人们证实。赤狐与灰狼是所有陆生哺乳动物（当然人类除外）中自然分布最广泛的。

● 体型、分布与竞争

在犬科动物中，狐狸的体型算是小的。它有长而尖的口鼻部，小而扁的头部，大大的耳朵，长毛且蓬松的尾巴。所有种类的狐狸都是杂食者，食物的种类很广。狐狸捕食的技巧很多，从偷偷地接近猎物到突然跳起来抓住猎物等技巧都会用到。

不同种类的狐狸的捕食方法很相似，因此，为争夺食物，各种狐狸之间存在着激烈的竞争，这必然要影响到它们在地理上的分布。人们以前认为，北极狐和赤狐能够忍受的最低温度存在着明显的不同，所以它们分布在不同的地区。另外，赤狐的体重是北极狐的两倍，相对来说需要更多的食物，而越往北极猎物越少，根本满足不了赤狐的食物需要；北极狐则不同，能量需求相对来说要少很多。以上是人们以前的看法，现在人们则认为，在那些本来能够养活这两种动物的地方，由于赤狐的体型比较大，能够迫使北极狐离开这些地方，从而限制了北极狐分布的最南界限。

南美多种狐狸之间的直接竞争也会影响到它们的地域分布和体型。在南美智利的中部和南部地区，山狐和阿根廷狐的主要猎物相同，都是啮齿动物、鸟类、蛇类等，而且这些食物相对来说比较丰富，然而这两种狐狸在所有的栖息地内，体型很不相同。

↗ 北方地区的赤狐有3种不同的颜色样式，图上就是一群赤狐在吃一只已经死了的猎物。标号为"1"的两只赤狐有火焰般鲜艳的红色体毛，这是生活在高纬度地区赤狐的典型体色；标号为"2"的赤狐其毛色带黑色；标号为"3"的是一只颜色比较模糊的赤狐，属杂色样式。3种不同的颜色样式可能是由两种不同的颜色基因控制的。

山狐的平均体长从低纬度地区（南纬34°）的70厘米逐渐加长为高纬度地区（南纬54°）的90厘米，所在地的纬度越高，体长越长；阿根廷狐则从低纬度地区（南纬34°）的68厘米逐渐缩短为高纬度地区（南纬54°）的42厘米，所在地的纬度越高，体长越短。在南纬34°附近，两者的体型相似，而山狐的栖息地是海拔比较高的安第斯山脉，阿根廷狐的栖息地海拔比较低，所以两者的竞争程度比较低。再往南，当地的海拔逐渐下降，这导致了两者之间存在着明显的竞争关系。因此体型比较小的阿根廷狐倾向于捕捉体型小的猎物，而山狐则捕捉体型比较大的猎物，这有助于降低两者之间的竞争程度。

耳郭狐的体重只有1～1.5千克，栖息在撒哈拉沙漠的深处，它是体型最小的狐狸。当气温低于20℃的时候，耳郭狐就要冷得发颤了，它们会蜷缩成一团，巧妙地把大尾巴像袍子一样盖在鼻子和爪子上来保温。但同样令人吃惊的是，当气温超过35℃的时候，它们就会热得喘不过气来；当气温达到38℃的时候，它们就要张开大嘴全力地呼吸。当耳郭狐热得直喘气的时候，呼吸的次数会从平时的23次/分钟迅速地提升，甚至可以达到690次/分钟。它们还会把舌头卷起来，不让一滴宝贵的唾液丢掉，因为这个时候，水分对于它们来说实在是太重要了。耳郭狐呈蝴蝶状的大耳朵占到了整个身体表面积的1/5，当气温剧增的时候，耳郭狐耳朵里和爪子里的血管就会膨胀、变粗，从而有助于加快散热。耳郭狐的正常体温是38.2℃，当外界气温高于这个温度时，它们就会使自己的体温上升到40.9℃，以减少排汗量，保持更多的水分。耳郭狐也会通过降低新陈代谢率来节约能量，新陈代谢率会降低到正常水平的67%。同样，心跳频率也会降低到正常水平的60%。

● **精明的捕食者**

大耳狐的食物主要为白蚁，受所在地区的限制，与其他狐狸的食物很不相同。除大耳狐以外，其余各种狐狸的食物范围都很广。北极狐的食物包括海鸟、松鸡类、海边无脊椎动物、水果、浆果，有时也会等到退潮的时候，去海边捡拾搁浅的新鲜贝类、鱼类等。赤狐的食物种类同样也非常多，包括小型的有蹄类动物、各种野兔、啮齿动物、鸟类，还有甲虫、蚱蜢、蚯蚓等无脊椎动物。人们还曾见过赤狐抓鱼的情景：它们悄悄地趟过比较浅的沼泽地，抓住一些困在浅水里的鱼。在某个季节，赤狐还会捡一些蔷薇科植物的果实来吃，如黑莓果、苹果、犬玫瑰果等，这些食物甚至会占到那个季节总食物量的90%。

所有狐属的动物都会抓啮齿动物来吃。它们会突然从地上跳起来，然后猛扑下去，用前掌摁住啮齿动物。这种跳向空中然后再落下来的动作，某些老鼠也常常使用。老鼠会直着蹦向空中，以逃脱捕食它们的追踪者的掌控，因此，可以将狐狸的这个捕食动作称为"鼠跳"。赤狐有的时候也会抓蚯蚓当做食物。在炎热潮湿的夜

知识档案

狐狸
目 食肉目
科 犬科

总共有23种狐狸，分属4个属。灰狐属，包括灰狐和加州岛狐；大耳狐属，包括大耳狐；狐属，包括赤狐、草原狐、北极狐等；南美狐属，包括阿根廷狐、食蟹狐等。

分布 南北美洲、欧洲、亚洲、非洲。

栖息地 栖息地的种类很多，从北美苔原冻土地带到城镇中心区都有狐狸的栖身之地。

体型 各种狐狸的体型不等，最大的小耳狐体长可达100厘米，重9千克。最小的耳廓狐，体长24厘米，仅重1千克。

皮毛 大部分是灰色或赤棕色，北极狐在冬天是白色或蓝灰色。

食性 食物的种类非常广泛，包括小型哺乳动物、啮齿动物、小鸟、甲虫和蚯蚓等无脊椎动物及鱼类，甚至还可能包括各种水果等。

繁殖 怀孕期最短的是耳廓狐，时间为51天；最长的是赤狐，时间为60~63天；其余种类狐狸的怀孕期都在这两者之间。在正常情况下，每胎产1~6只幼崽。

寿命 野外最长9岁，人工圈养可达13岁。

晚，赤狐穿梭在草原上，慢慢地走动着，仔细地倾听蚯蚓在草地上弄出来的沙沙声，顺着声音找到蚯蚓的洞口。蚯蚓一般正要离开它们的洞口到地面活动，它们的尾部还牢牢地抓住洞口边上的土壤。这个时候赤狐一般不会强行把蚯蚓拉出来，因为这样会拉断它们，会损失一部分食物。赤狐会轻轻地拉紧，然后停止一段时间，等着蚯蚓动弹，最后才会完全拉出蚯蚓，把它吃掉。

人们曾经研究过几种分布在不同地区的狐狸，发现这几种狐狸的食物都是"就地取材"，当地有什么可以吃的，它们就吃什么。但是，还有一些狐狸比较"挑食"，例如赤狐，如果有几种可供它们选择的食物，它们比较爱吃亚科的一些鼠类——如棉鼠，而不喜欢吃鼠科的一些鼠类——如姬鼠。当然了，作为真正的"机会主义者"，它们会贮藏食物，即使是那些它们不喜欢吃的食物也会储备起来，以备不时之需。狐狸有很好的记性，它们能很快地找到以前贮藏食物的地点。

● 复杂的社会关系

狐狸每年生育一胎，在正常情况下每胎会生1~6只幼崽。随着栖息地的不同，赤狐每胎产下的幼崽数也不甚相同，一般在4~8只之间，但人们曾经发现有一只母赤狐一胎生育了12只小赤狐。母狐狸一般有6个奶头。赤狐的怀孕期为60~63天，耳廓狐则为51天。通常母狐会把幼崽生在洞穴里，这个洞穴可能是母狐自己挖的，也可能是利用别的动物的合适的洞穴，但母狐也可能把幼崽生在岩缝或树洞里，或者仅仅生在高草丛中。人们一般认为狐狸是一雌一雄成对地生活在一起，并共同哺育子女的，但现在专家发现，印度狐和一些赤狐在养育幼崽的时候，会组成群体，群体中的其他狐狸也会帮忙照料幼崽。另外一些北极狐、赤狐和食蟹狐在养育幼崽的时候，会有一些其他的狐狸来帮忙。不同地区的母赤狐生育下一代的比例有很大差别，有的地区只有30%的母赤狐生育后代，而有的地区几乎所有的母赤狐都会生育后代。

狐狸以前曾经被人们描述为单独捕猎的食肉动物，因为狐狸的猎物体型比较小，如果几只狐狸联合起来一同捕猎，不但会阻碍捕猎顺利进行，也不能从合作中获得多少收益。从这个方面来说，狐狸的社会行为应该比较简单，不会出现像其他犬科动物（比如狼）那样群体一块捕猎的场景。但是，随着现代研究技术及现代无线电追踪技术、先进的夜视仪器等的运用，专家越来越清楚地发现，狐狸的社会关系也是比较复杂的。在某些地区，狐狸会一雌一雄成对地生活在一起；在另一些地区，狐狸则可能成群地生活在一起。一个狐狸群通常包含一只成年雄狐和几只雌狐。到目前为止，人们发现的最大的北极狐群有3只成年狐狸，最大的赤狐群体有6只成年狐。到现在并没有证据显示一只雌狐会成功地迁入到另一个群体中，因此，在一个狐狸群中的所有雌性成员可能都具有血缘关系，而在一个狐狸群中，几乎所有的雄性后代都会离开。一只狐狸从出生地迁徙到另外的栖息地，它出走的距离在不同的地区是很不相同的，最远的能达200千米。平均起来，雄性狐狸出走的距离比雌性要长很多。

● "味"和"声"的秘密

尽管每个晚上，狐狸可能都要在领地的路上来回走动好几次，或巡视，或觅食，但在一个狐狸群里，每只狐狸所走过的地段很不相同，居于首领地位的狐狸要独占最好的地段。

狐狸在巡视领地的时候，常常会在明显的地方，比如草原上的某处高草丛，留下一些标记，这些标记一般是粪便和尿液。这些带有气味的标记散布在狐狸群的整个领地上，而且在一些经常去的地方，标记会更多。狐狸群的首领用尿液做的标记比次一级的狐狸做的要多，而且每只狐狸都能在众多标记中明确地区分出"自己

↗ 两只年轻的北极狐在玩耍打闹。北极狐通常有两种皮毛样式，一种是白色的，另一种是蓝色的，在夏季和冬季会变换不同的毛色。图上的两只便披着一身白色的冬季皮毛

人"做的标记。狐狸的肛门两侧有一对肛门囊腺,能够自动地释放出某种分泌液,这些分泌液能随着粪便排泄出来,并涂在粪便上。狐狸尾巴的根部也有一个皮肤腺体,这个腺体长2厘米,并且有硬直的体毛覆盖着,看起来就像尾巴上长了一个黑斑。所有的狐狸都有一个这样的腺体,但对于这个腺体的功能,人们到现在还不是非常清楚。在狐狸的足趾之间也有一些类似的腺体。不论雄性还是雌性的狐狸在做尿液标记的时候,都一样会跷起腿来。

狐狸群领地的大小不一,大小取决于可得到的食物的丰富程度以及狐狸死亡率的高低,而狐狸的死亡率则主要是由人的活动及狂犬病爆发与否等情况决定的。对某个地区的赤狐来说,如果人们把它们当做猎物的打猎活动比较频繁,那么这个地方赤狐的死亡率就会很高,很少有赤狐能活到3岁以上。到目前为止,人们所知的活得最长的野生狐狸是一个狐狸群中的"女首领",它活到了9岁。这只雌狐所在的群体栖息于英格兰的牛津郡,有4个成员,占据的领地为0.4平方千米。到现在为止,人们了解的人工圈养的狐狸最长能活到13岁。

与其他犬科动物相同,狐狸也靠叫声和气味标记以及体态信号来传递信息以进行沟通,例如,当敌人接近的时候,或者在繁殖季节,北极狐就用叫喊来进行联系。赤狐的叫声包括威胁性的狂嚎和一种共鸣性的嚎叫声,其中共鸣性的嚎叫声是年轻的赤狐在冬季里发出的,但是在交配的季节里这种声音更常出现。赤狐的叫声还包括尖利刺耳的嚎叫以及轻柔的低语声(这种声音主要发生在雌狐与狐崽之间)等。

这是8种不同的狐狸,我们虚构出它们正在后边追踪一只鸟,并在最后捉住了这只鸟儿。图上从左到右的排列分别代表了这8种狐狸在地理分布上从东到西的顺序。标号为"1"的是灰狐,标号为"2"的是草原狐,标号为"3"的是南非狐,标号为"4"的是耳廓狐,标号为"5"的是吕佩尔狐,标号为"6"的是阿富汗狐,标号为"7"的是印度狐,标号为"8"的是沙狐。

追踪达氏狐的渊源

从 1831 年开始，查尔斯·达尔文乘坐贝克尔号勘探船进行环球考察。在这期间，他搜集到了一个狐狸的标本，随后以他自己的名字命名了这种狐狸。在他的考察日记中，他写道："这是一只狐狸，是这个岛上一种非常特殊的物种，非常稀有，以前我们都不知道还有这个物种的存在。"

尽管达尔文发现的狐狸是一个特有的物种，但是在分类学上，人们长期以来却对这个物种如何划分存在很大的争议。从外观上来看，达氏狐体色为深棕色，头部呈红褐色，四肢相对比较短。从形态学上来说，达氏狐与阿根廷狐没有什么很大的不同。从在相对隔绝的奇洛埃岛上发现了这种狐狸这一事实出发，似乎可以证实这是一个相对独立的亚种的说法。但是在 20 世纪 60 年代，人们在位于美洲大陆的智利纳韦尔布塔国家公园内又发现了这种狐狸，而且这个地方在奇洛埃岛以北 600 千米处，这样一来，上述说法就有问题了。

对达氏狐分类地位的最终明确的结论还有待于对 DNA 的分析结果。在进化过程中，线粒体 DNA 会发生微妙的变化，没有发生过物种杂交的个体（也就是纯种的个体）会出现遗传染色体分子的单倍性现象，这会增加个体之间的不同，最终把一个物种从其他物种中区分出来。

在对达氏狐几个个体进行了检测之后，可以肯定的是，线粒体 DNA 基因组某个片断的排列顺序非常独特，与其他的狐狸都不一样。这同样可以说明，达氏狐与阿根廷狐、山狐可能有一个共同的祖先（因为 DNA 的大部分片断还是相同的），只是在几十万年前各自独立分化出来。在最后一个冰川期（距今大约 1.1 万年），南美的大部分地区覆盖着浓密的森林，达氏狐就栖息在南美大陆的森林中。但是冰川期过后，气温开始上升，同时人类也在这个地区活跃起来，这样达氏狐的栖息地范围迅速缩小，达氏狐的数量也开始急剧下降。

自从认识到达氏狐所处的困境后，人们就开始努力来保护它们。人们正在努力地保护这种动物，以试图把它从灭绝的边缘上拉回来。

5　　　　　6　　　　　7　　　　　8

豺

豺杀死猎物后常常咬开它们的肚子，拉出内脏，这在人看起来非常残忍，于是就给豺贴上了"残暴的猎杀者"的标签。尽管它们偶尔会袭击家畜，甚至还会攻击人类——目前只有一例攻击人的报道，但其自身却在所有的栖息地范围内受到了人类的迫害。

目前人们对这种略带神秘性的动物还没有进行彻底的研究，对其社会结构了解得也不是很多，但至少已经了解到豺是一种群居动物，它们共同合作捕猎，共同照料群体"首领"的孩子。总之，在很多方面，豺的生活方式与非洲野狗非常相似。

● 快速进食者

与其他大多数犬科动物不同的是，豺的口鼻部短而宽，下颌上每一侧都少一颗臼齿，这两处特殊的结构使得它们很适于吃多种动物的肉。它们进食的速度很快，一只小鹿几秒钟内就能被肢解分食完毕。进食时它们之间一般不发生争抢，因此，为了尽可能比"别人"吃得多，它们练就了"快速吃饭"的好本领。对一只猎物，它们通常先吃内脏、臀部、眼珠和其他比较柔软的部位。在进食的时候，如果豺群离水源很近，喝水就很频繁；如果离水源比较远，它们会在吃完食物后迅速跑到水边喝水。如果豹子和老虎把自己的猎物放在某个地方而没有防备，豺就会把这些猎物偷走。在印度南部的本迪布尔老虎保护区，那里的猎物非常丰富，每只豺每天要消耗约1.8千克的肉食。

↗ 豺的口鼻部相对较短较宽阔，捕食的时候常成群结队共同捕猎。

知识档案

豺
目 食肉目
是豺属的唯一一种。

分布 西亚到中国、印度、中南半岛以及印尼爪哇岛；基本上生活在保护区内。

栖息地 主要栖息在较大型有蹄类动物分布稠密和水源较丰富的森林地带。

体型 体长90厘米，尾长40~45厘米，肩高50厘米，体重平均为17千克。栖息在俄罗斯的豺比其他地方的平均大20%。

皮毛 上体为沙黄色，腹部下侧为苍白色，尾尖为黑色而且毛比较多。刚出生的幼崽黑棕色，3个月后会变得与成年豺的颜色相同。栖息在俄罗斯的豺冬季里体毛特征明显不同。

食性 猎物主要为哺乳动物，小到啮齿动物，大到鹿类；有的时候也捕食鸟类、蜥蜴、昆虫，还吃野生浆果。

繁殖 怀孕期为60~62天，平均每胎产崽8只。

生存状况 分化为10个亚种，有2个亚种列入受威名单，分别是东亚亚种和西亚亚种；印度有3个亚种，分别是印度亚种（分布在恒河流域）、喜马拉雅亚种（分布在印度北方邦的库毛恩地区、尼泊尔、不丹）和克什米尔亚种（分布在克什米尔、西藏拉萨）。另外还有5个亚种，分别是缅甸亚种（分布在缅甸、中南半岛）、印支亚种（分布在马来西亚、泰国、越南）、爪哇亚种（分布在印尼爪哇岛）、中国亚种（分布在中国长江流域）和苏门答腊亚种（分布在印尼苏门答腊岛）。

● **共同照料幼崽**

一个豺群通常是一个扩大了的家庭，包含5~12个成员，但很少有超过20个成员的。在印度本迪布尔，人们曾经观测到在一些豺群里，平均有8只成年豺，幼崽达到16只，而且雄性成员一般比雌性多。豺群居在一起可以避免一些大型食肉者，如老虎、豹子等的攻击。

幼豺在出生后约1年性发育成熟，到交配季节就会找异性互相配对，一般每次交配的时间持续7~14分钟。分娩期约为每年的11月至次年的4月，平均每胎产崽8只。母豺在分娩前会做一个巢穴，通常是在河床边或岩石间找一个已经存在的洞穴或掩蔽处。在印度本迪布尔的一些豺群里，有时会有超过3只的成年豺来帮助产崽的母豺照料幼崽。幼豺出生3~4周后开始吃成年豺"反刍"出来的肉食。在这个抚育幼崽的关键时期，豺群一般会待在离洞穴很近的地方，出去捕猎的时候，一般会保持在幼崽待的洞穴周围11平方千米的范围内，这个范围比起正常捕猎范围（40平方千米）要小多了。有时当豺群出去捕猎后，会专门让一只成年豺留在洞穴周围，与幼崽的母亲一起看护幼崽。幼崽出生70~80天后开始离开洞穴，当然这个阶段还需要豺群继续照料，需要给它们喂食；当它们出去玩耍的时候，还需要成年豺保卫护送它们；捕到猎物后，成年豺会让小豺先吃。小豺在出生5个月的时候,会跟着豺群出去学习和提高捕猎技巧;8个月后,小豺就可以参加捕猎活动了。

豺的叫声包括这么几种:呜呜声、低吼声、刺耳短促的高叫声、尖声呼啸、尖锐的"口哨声",幼崽则会发出吱吱声。如果捕猎没有成功,它们通常会发出尖锐的"口哨声"来重新召集同伴。在领地周围的小径、大道的交叉口,豺会排泄一些尿液、粪便,通过这些排泄物发出的气味来互相联系或者警告周围的豺群。特别是在领地边上,它们会通过这些气味标记,表明它们最近刚刚在这个地区捕猎过,同时警告邻居不要靠近。这些标记在维护领地方面具有重要的作用,可以充分保证领地的有效性,通过这些标记,一个豺群可以使它们的领地达到80平方千米。

● **保护区——最后的避难所**

直到不久前,猎人们还把豺作为捕猎的对象,想要通过投放大量毒饵的方式来彻底消灭它们。对于豺来说,最主要的生存威胁则是它们栖息的林地在不断减少。当地人常常砍伐木材,并在林区过度放牧,使当地豺的猎物数量逐步减少。这些导致了豺群栖息地的减少,进而豺的数量也随之下降。在哈萨克斯坦和西伯利亚地区,豺的数量下降现象尤其严重。在这两个地区内,人们为了防范灰狼常常下毒,而豺往往会误食这些毒饵,导致数量下降。不过在印度,人们为了保护老虎,设立了许多保护区和国家公园,生活在这些保护区内的豺也得到了保护,现在数量已经有所上升,达到了5 000~8 000只。

↗ 正常情况下,杀死猎物后会平静地分食,例如图上一群豺正在平静地分食一只雄性白斑鹿。但是,豺群中的某些个体偶尔会把猎物很大的一部分拖到很远的地方自己享用。

鬃狼与貉

在某些地区，人们对一些犬科动物有某种广为流行的看法，如在巴西，如果鬃狼在夜晚嗥叫，人们就会认为这预示着天气会发生变化。貉是一种较贵重的毛皮兽，毛长绒厚，拔去针毛的绒皮为上好制裘原料，近年来已开展人工驯养。

鬃狼与其他犬科动物的最显著区别就是其四肢特别长，这非常适宜它们在高草丛中奔驰——它们的栖息地就在草长得很高的南美草原上。貉为食肉目犬科的1种，中等体型，外形似狐，但较肥胖。貉的毛色因地区和季节不同而有差异，多分布在中国、朝鲜、日本等地。

● 爱吃水果的鬃狼

鬃狼捕食的猎物主要包括无尾刺豚鼠以及小型啮齿动物、犰狳等，鸟类也是它们最常捕食的猎物之一，它们偶尔还会捕食鱼类、昆虫和爬行类动物。但它们食物总量的一半以上（能达到64%）却是水果，尤其是被称为"狼果"的一种水果，它们更常吃，因为这种果实可以帮助它们抵御一种叫做肾膨结线虫的寄生虫的侵袭。鬃狼一般在晚上独自捕猎。捕猎的时候，它们悄悄地接近猎物，然后猛扑过去，这往往让我们联想起赤狐，因为两者的捕猎方式很相似。

↗ 这是一只鬃狼，有长长的腿和红色的鬃毛，它正在它的草原栖息地中奔走。鬃狼现在在各地动物园里特别受欢迎，但也因此而遭了殃，因为它们常被抓来关在动物园的笼子里。关于鬃狼有许多迷信的说法和民间传说。如在巴西有些人就认为，只要鬃狼用眼睛盯住一只鸡，这只鸡就会立刻倒地死亡；还有人认为从活的鬃狼头上挖出它的左眼，这只左眼就会给人带来好运——当然这对鬃狼来说，带来的显然不会是什么好运。

幼鬃狼出生约一年后性发育成熟，第2年就能繁殖后代了。雌鬃狼每年生育一窝，一般在每年的6~11月分娩。出生约一年后，小鬃狼的体型就会发育到成年者的水平。至于雄性鬃狼是否会参与喂养小鬃狼以及参与的程度如何，人们现在还不是很清楚，不过在圈养的环境里，人们曾经看见

知识档案

其他几种犬科动物
目 食肉目
科 犬科
这里介绍的2种动物分别属于2个属。

鬃狼
分布在巴西的中部和南部、巴拉圭、阿根廷北部、玻利维亚东部、秘鲁的东南部，栖息在草原和灌木丛中。**体型**：体长105厘米，肩高87厘米，尾长45厘米，体重23千克。上述各项指标在雌雄之间和不同的地域之间都没有差别。**皮毛**：体色为浅黄到红色，四肢为黑色，口鼻部和鬃毛也为黑色，下颌、耳朵内侧和尾尖为白色，幼崽刚出生时体色为黑色，尾尖为白色。**繁殖**：怀孕期约为65天，每年产崽一胎，每胎2~5只。**寿命**：野外鬃狼的寿命现在还不是很清楚，人工圈养的可以活到12~15岁。

貉
分布在西伯利亚东部、中国、朝鲜半岛、日本和中南半岛的北部，被人工引进到欧洲，栖息在林地和森林中的河谷地带。**体型**：体长51~70厘米，肩高20厘米，尾长18厘米，体重可达12千克。栖息在芬兰的貉每年6月份体重平均5.2千克，10月份则重8千克。**皮毛**：体毛为黑棕色，有长长的斑纹，面部为黑色，腿粗壮呈黑色，尾巴上有黑色条纹。**繁殖**：怀孕期为60~63天。**寿命**：最高可达7岁，有5~6个亚种。

过雄性鬃狼给幼崽喂自己"反刍"出来的食物。

国际自然与自然资源保护联合会的资料中将鬃狼列为"低危级"的"接近威胁次级"，其主要原因是鬃狼的栖息地在不断缩小。鬃狼偶尔也会成为人们打猎活动的目标，有时还会被人抓来卖到动物园里。在巴西，鬃狼身体的某些部位（甚至是它们的粪便）被人们认为有药用价值，或者有祛邪避灾的魔力，因此，鬃狼也常常遭到人类的猎杀。

● **皮毛贵重的貉**

貉是一种古老的犬科动物，与其亲缘关系最近的是灰狐和大耳狐。貉是一种杂食性动物，根据季节的不同其主要食物也不同。其食物通常有水果、浆果、无脊椎动物、蛙类和爬行类动物；在许多地区，小型哺乳动物占它们食物量的一半左右，这些小型哺乳动物主要是田鼠类、野鼠类等。貉更喜欢在雾气重的森林中搜寻食物，因为这种森林中有丰富的林下植物层，特别是有多种蕨类植物。貉更喜欢栖息在离水源比较近的地方，这样当它们被天敌追赶的时候，就会跳向水中逃生，因为它们是游泳的好手。

在20世纪上半叶，为了获取貉的皮毛，貉被引进到了俄罗斯的西部地区，而且也被有意地放到了野外。而后貉迅速地扩张到了西欧的许多地区，向西北则扩张到了芬兰。这种扩张除了有利于貉皮贸易之外，还带来了一种负面效应,就是它们携带的狂犬病毒跟着扩散。有一些证据表明,当貉在冬季进行冬眠(貉是犬科动物中唯一进行冬眠的物种)的时候,它们身上的狂犬病毒可能会扩散,并且会从一个季节延续到下一个季节。在貉冬眠的地区,狐狸的密度会很低,而且可能会全部死光。

尽管貉是犬科动物,但是它们并不会吠叫,这是貉区别于其他犬科动物的又一个特征。貉在进行社会交往的时候,像大耳狐那样,偶尔会把尾巴向上弯成"U"形。但是有些亚种的貉其尾巴不能摇摆,不能迅速甩动,这也是与其他犬科动物不同的一个地方。在某些方面貉与其他犬科动物则很相似,如一雌一雄成对地生活在一起,联系非常密切。

人们一般认为貉是长期成对生活在一起的,或者是组成一个临时的家庭,由雄性照料幼崽,雌性出去寻找食物。幼貉在长到能够自己出去捕食之前,一直靠吃母貉的奶来维持生长发育。在日本,专家通过无线电追踪技术的研究表明,貉的家庭领地在很大程度上是重合的,当食物比较集中的时候(如水果林内),各个貉家庭会非常友善地分享这些食物。

↗ 貉在我国有南貉、北貉之分。习惯上以长江为界,将长江以南产的貉称南貉,长江以北的貉称北貉。北貉体型大,毛绒丰厚,毛皮质量明显优于南貉。南貉体型小,针毛短,绒毛空疏。

棕熊

棕熊是人们公认的最能代表熊科动物的熊。现在3个大洲（欧洲、亚洲和北美洲）都有棕熊的身影，可以确定，棕熊是地球上分布最广泛的熊科动物。

现在棕熊基本上生活在北方，其生存地主要在俄罗斯、加拿大、美国阿拉斯加的一些地区。但是以前棕熊的栖息地范围更大，在19世纪中期北美洲南部的广大地区都有棕熊的身影，直到20世纪60年代，墨西哥中部地区还有棕熊；中世纪时期，欧洲大陆和地中海地区及英伦群岛到处都有棕熊的栖息地，但现在这些地区都没有棕熊了。现在，由于过度猎杀、栖息地减少、公路建设以及把现存的棕熊分隔在一些互不相连的地点等原因，棕熊的分布更加分散。历史上，由于棕熊的多样分化和广泛分布，使得现存的棕熊有232个种群及亚种（已经灭绝的棕熊有39个种群及亚种），这其中包括现在生活在北美的灰熊（由于尾尖处为银灰色而得名，现在被许多人认为是一个独立的种）。

● 与黑熊保持距离

除俄罗斯外，亚洲的棕熊很零散地分布在喜马拉雅山区和青藏高原以及中东地区某些国家的山区里，在中国和蒙古国的戈壁沙漠地带也有少量的棕熊。在很多地方，棕熊和黑熊的栖息地都相互重合，不过棕熊会尽量与黑熊避开，或者两者在一天中于不同时段出现在共同的领地上。在许多岛上，则没有发现两者栖息地相重合

↗ 这是一头生活在美国蒙大拿州落基山地区的成年灰熊。由于它们的体毛呈现银灰色，因而被认为是棕熊的一个亚种，但是更常被称为灰熊。其鼻子特别大而且向前突出，眼睛却很小，这表明其主要靠嗅觉而不是靠视觉生活。

知识档案

棕熊
目 食肉目
科 熊科

有的时候把棕熊分为几个相对独立的亚种，包括北美灰熊、科迪亚克熊（又叫阿拉斯加棕熊，分布在美国阿拉斯加州外海的科迪亚克岛、阿福格纳克岛、舒亚克岛等岛屿上）、指名亚种欧亚棕熊。

分布 北美的西北部，欧亚大陆上从斯堪的纳维亚地区到俄罗斯再到日本，另外零星分布于南欧、西欧、中东、中国、蒙古。

栖息地 森林、亚高山带的灌木丛、开阔的高山苔原、沙漠和半沙漠。

体型 体长1.5~2.8米；肩高0.9~1.5米；雄性体重135~545千克，在美国科迪亚克岛和阿拉斯加海岸附近以及俄罗斯堪察加半岛偶尔能发现重达725千克的雄性棕熊；雌性体重80~250千克，极少数能达到340千克；不管是雌性还是雄性棕熊在不同的季节和不同的地区体重变化极大，在秋季做窝生育之前体重最大，在食物丰盛尤其是鱼类和其他肉类食物丰盛的地区体重也比较大。

皮毛 体色一般为棕色，也有比较白的颜色，尾尖处为银灰色；北美内陆地区的棕熊为灰色；东亚地区的接近黑色。

食性 吃植物的根部、块茎以及草类、水果、松子、昆虫、鱼类、啮齿类动物、有蹄类动物（包括家畜）。

繁殖 每年的5~7月份交配，之后受精卵发育成胚泡，然后延迟一段时间，直到11月份开始着床进一步发育，之后再过6~8周幼崽出生。每胎产崽1~4只，平均2~3只。整个怀孕期6.5~8.5个月。

寿命 野外的平均为25岁，曾经有记录显示能活到36岁，人工圈养的能达到43岁。

的情况，尽管阿拉斯加外海的一些岛屿上有棕熊或黑熊，但是同一座岛上很少有两者共同存在的情形。在体型上，棕熊比黑熊要大，因此，栖息地也比黑熊大。在大陆上，每头雄性棕熊的栖息地平均为200~2 000平方千米，雌性棕熊平均为100~1 000平方千米；每头雄性黑熊的栖息地平均为20~500平方千米，雌性黑熊为8~80平方千米。尽管有些岛上有棕熊，但是如果一个岛的面积过小的话是无法养活一头棕熊的，所以小岛上没有棕熊。

● 冬眠的策略

与所有北方地区的熊一样，棕熊也有一个显著的行为特性，那就是冬眠。所有熊类的最早的祖先都是犬科动物，进化成熊后，由于食物上更多地依赖于水果，因此它们就必须面对一个非常严重的问题，那就是冬季里食物会很缺乏。解决这个问题的一个办法就是像某些啮齿类动物和蝙蝠一样在冬天里睡大觉，也就是进行冬眠。冬眠的动物在冬季里体温会大幅降低，甚至常常会接近冰点，以此来大幅降低能量的消耗。进行冬眠的一些小型哺乳动物在冬眠期会定时地醒来，这个时候体温会上升，然后吃掉喝掉一些以前贮存的食物和水，以补充能量，并排泄废物。

↗ 两头年轻的棕熊在争斗。这看起来好像有生命危险，但实际上它们只是在模拟战斗，并不是"玩真的"，它们正是通过这样的游戏来学习战斗的技巧。在以后的生活中，雄性棕熊常常为了争夺领地爆发战争，这可是真正的战争，会使其在战斗中严重受伤，甚至丧命。

与这些小型哺乳动物相反，一些常食果实的北方肉食动物，如浣熊和臭鼬，在冬天到来之前体毛会变多变厚，体内会贮存很多脂肪变得很胖，因此可以在相对隔离的洞穴中度过严酷的冬季，而且身体还能保持相对正常的温度。冬眠于洞穴里的棕熊，体温会稍微下降一些，从38℃下降到34℃，心跳和呼吸次数也会有一定程度的下降，而且在冬季熊还会表现出一些其他独特特征。综合这些因素，熊完全可被称为真正的冬眠动物。

熊是唯一一种可以在半年甚至更长的时间里不吃、不喝、不排尿、不排粪的哺乳动物，冬季里维持必要体内活动的能量来自于体内存储的脂肪。冬眠开始的时候，储存的脂肪越多，冬天消耗的体内肌肉组织就会越少，也就是说对肌体的损害也越小。体内的尿液在冬眠期间能循环利用，可以推动血液和氨基酸的循环。尽管熊冬眠的时候一动不动，但是其骨骼功能并不会退化。这些特征能充分保证熊在冬眠时期内不至于死亡。真正饿死的情形是有的，不过更多地发生在春季，因为那时熊的新陈代谢功能恢复，如果不能得到充足的食物，确实会发生饿死的事情。

美洲黑熊

美洲黑熊是最为普遍的熊科动物,其数量要远远超过其他任何种类的熊。实际上,美洲黑熊的总数可能是其他所有种类熊的数量的两倍,估计现在其总量约有80万头。美洲黑熊过去的分布地要比现在广阔得多,过去所有的北美林区都有它们的栖息地,从加拿大北部向南,一直到墨西哥中部的广大地区都有黑熊的踪影。

在200万~1.1万年前的更新世时期,北美地区生活着好几种熊科动物,其中就有美洲黑熊。在那个时候,黑熊的数量是熊科中最多的。当时,气候的季节变化更为明显,为了应付这种四季分明的气候,黑熊的体型在不断变大,几乎可以达到现在棕熊的体型。但是,在后来的全新世时期(1.1万年前至今),黑熊的体型却又不断缩小。

● **超强的适应能力**

美洲黑熊具有非常强的适应能力,可以生活在各种各样的地方,比如,可以栖息在墨西哥炎热、干燥的灌木林里,美国阿拉斯加海岸多雨并长满苔藓的松树林中,也可以栖息在美国东南部蒸气缭绕、布满沼泽的阔叶林里,甚至可以生活在拉布拉多半岛无树的苔原地带——在那里,它们可以像灰熊(棕熊的一个亚种)那样

捕食小型哺乳动物和体型比较大的北美驯鹿。在黑熊分布的最南方地带,食物一年四季都很丰富,因此,只有怀孕的雌性黑熊才待在地上的洞穴

↗ 两只小黑熊爬在一棵白桦树上。爬树是美洲黑熊一项重要的本领,是为了得到食物和逃避敌害。小熊出生12个星期后不久就要学习爬树。有的时候,母熊出去寻找食物,就把小熊放在树上,以保安全。

知识档案

美洲黑熊
目 食肉目
科 熊科

有几个亚种：卡莫德熊，分布在加拿大不列颠哥伦比亚省的沿海地区，有些熊全身呈白色；路易斯安那黑熊和佛罗里达黑熊；另外还确定了其他一些亚种，特别是在北美西部一些地区生活的黑熊，但是专家目前还没有对它们进行确认。

分布 整个加拿大，美国除中部平原州之外的其他地区，墨西哥北部。

栖息地 密林中，开阔的林地，灌木丛等。

体型 在不同的季节和不同的地理位置都有所不同，在北美北部和东部栖息的黑熊比较重。体长1.2~1.9米，肩高0.7~1.0米。雄性体重一般为60~225千克，但是在某些地区，由于黑熊吃玉米等庄稼体重可达300~400千克；雌性体重一般为40~150千克，有的可以超过180千克。

皮毛 一般为黑色，也有棕色、肉桂色或是白色的，有的时候胸部有白色斑块。在加拿大不列颠哥伦比亚省约有1/10的黑熊全身呈现白色，其他地方偶尔也有白色的熊，这可能是由于得了一种白化病。

食性 吃水果（包括浆果和坚果）、植物的嫩芽、花蕾、昆虫、一些有蹄类动物的幼崽、鱼类等。

繁殖 一般在5~6月交配，南部低纬度地区的黑熊交配季节可能延长到8月份。受精卵发育为胚泡后到11月份才附着在子宫壁上继续发育，总的怀孕期为6.5~8.5个月；次年1月份产崽，每胎1~6只，一般为2~3只。

寿命 一般为25岁，但是野外的黑熊有活到35岁的记录，人工圈养的一般为35岁。

中。在南方的沼泽地带，黑熊甚至可以在很高的树上做巢栖息。与此相反，在极北地区，黑熊更愿意待在地面以下的洞穴中或是树根下的大洞中，它们可以在这些洞穴中待7个月以上，在阿拉斯加甚至可以待8个月。

在北美地区，黑熊与灰熊的栖息地在很大程度上是重合的。仅仅从皮毛的颜色上是不足以区分出这两种熊的，因为许多黑熊的皮毛实际上呈现棕色，再加上黑熊常常模仿灰熊的行为，因此更难区分出两者了。但是我们还是可以从其他方面区分出这两者：一是灰熊偶尔还捕食黑熊；二是黑熊的面部是平直的，而灰熊的面部中间却向内凹；三是黑熊缺少肩弓，而灰熊是有的；四是黑熊的脚掌比较小，更适于爬树而非挖掘，灰熊则与此相反。

随着季节的不同，黑熊的食物也不相同。在春季，它们的食物主要有草本植物的茎叶、花蕾、树的嫩叶，偶尔会吃上年冬天杀死的有蹄类动物的腐肉和上年秋天留下的坚果；在春末夏初，除了上述食物外，昆虫、幼鹿和驼鹿也会成为它们的食物；在夏季，由于浆果和坚果进入成熟期，这些果实就成了黑熊的主要食物。黑熊的体型很大，本来就需要吃很多，再加上要为没吃没喝的冬季提前在体内储存脂肪，因此在夏季黑熊每天可以吃上万枚浆果或坚果。仅仅为了保持体重，在浆果特别多的时候，黑熊平均每天要用12个小时来进食，平均每秒钟吃一枚浆果。在某些地区，特别是没有灰熊的地区，黑熊很大一部分食物是鱼类，因为鱼类的营养价值更高，如果可能的话黑熊会大量地捕食鱼类。

● 努力繁殖后代

在地理位置不同和食物丰盛程度不同的情况下，黑熊繁殖的速率是不同的。在北美，从西到东、从北到南，黑熊的成熟年龄依次降低，每胎生育的幼崽数则逐渐增加。在某些地区，雌性黑熊比较"早熟"，在2岁的时候就生育了第一胎，当然大多数情况下，雌性黑熊在4~6岁的时候才生育第1胎。体型特别大的母熊，每胎产的幼崽数也往往很多，可以达到每胎5~6只，而母熊总共也只有6个乳头。当然大多数情况下，每胎产崽2~3只。一般母熊在冬季产崽，产在事先找好的洞穴中，幼熊一般待在母熊身边约17个月。

黑熊的交配季节通常在每年的6~7月份，上一胎小熊完全成熟离开母熊后，母熊才会交配，因此母熊产崽一般是间隔2年。偶尔母熊和小熊待在一起的时间会再延长1年，或者母熊会错过一个生育周期，因此生下一胎的时间也会延长，而不仅仅是两年。也有与此相反的情况，即母熊会在生前一胎的第2年紧接着又生下一胎，或是小熊在母熊正常的生育季节来临之前就全部死亡了，母熊也会提前生育下一胎。幼熊死亡的原因有很多种，可能死于偶然"事故"，或是饿死、被其他食肉动物捕食，甚至是被同类吃掉。

↗ 除了北极熊外，其他熊类主要以植物为食。美洲黑熊主要吃植物的浆果和坚果，以及地下的根部和块茎。它们每天需要进食5~8千克。寻找食物、储备营养是黑熊生活的一项重要内容，尤其秋季，更需要吃大量的食物，在体内存储大量的脂肪，以备冬天食物匮乏时之需。图中就是一头黑熊站在美国稠李丛中吃浆果。

大熊猫

自从法国的博物学家皮尔·大卫于1869年在中国西南部四川省的偏远地区首次发现大熊猫以来，这种动物就在世界范围内成为人们关注的一个焦点。人们喜欢大熊猫，不仅仅是因为大熊猫独一无二的黑白相间的皮毛，而且因为大熊猫极度稀少。由于大熊猫在野外面临着严重的灭绝危险，所以，它们也成为国际野生动物保护组织的一个象征、一种标志物，如世界自然基金会就把大熊猫作为它的标志物。

大熊猫尽管是人们努力保护的重点动物之一，被赋予了受保护动物的地位，但是有些人为了得到大熊猫皮，仍然会盗猎大熊猫，因此，它们仍然面临着盗猎的威胁。盗猎大熊猫以前曾经被判处死罪，现在仍然是一种重罪，可以被判罚长达14年的监禁，但即使这样，仍然没有杜绝人类对大熊猫的盗猎。另外，当地猎人为了捕猎其他动物，如麝香鹿、羚牛等，常常设下陷阱，而大熊猫有的时候也会误入其中而被杀死。

●吃竹子的"熊"

对于大熊猫在分类学上的位置，过去一个世纪以来，人们一直无法确定，对大熊猫做出的分类甚至自相矛盾。直到最近，通过对大熊猫遗传基因的研究，才知道它们是在进化过程的早期从熊科分出的一个分支。由于

↗ 竹子几乎是大熊猫全部的食物来源，新生的竹叶和嫩芽营养丰富而且纤维素含量最低，非常有利于消化。但是每隔30~100年，不同种类的竹子就要开花进而死亡，对于以前的大熊猫来说，由于它们有很大的栖息地，一种竹子开花死亡之后，可以转移到另外的地方，吃另外一种竹子。现在由于栖息地大量减少，大熊猫没有了足够的选择，一片竹子开花死亡之后，由于没有其他的地方可以转移，因而就要面临饿死的危险。

与其他熊分离的时间很长，大熊猫成了一种很有特色的熊。它们冬季不用冬眠；腕关节的一部分进化成了一种类似于人的大拇指的"伪拇指"，可以用来抓住竹枝；其幼崽出生的时候特别小，体重只有100~200克，大约仅为其母体体重的0.001%。

大熊猫也是独一无二的吃竹子的熊类，因此，当地人有时把它们称为"竹熊"，但是如果可以吃到肉的话，它们偶尔也会吃。竹子能够提供大熊猫生存的足量营养，但是由于消化率过低，所以需要吃大量的竹子。野生的大熊猫每天平均花费14个小时用来吃竹子，每天消耗的竹子总量达12~38千克，可达它们体重的40%。

在中国陕西的秦岭山区，人们曾经发现少数大熊猫的体色为棕白相间，这与通常的黑白相间是不同的。作为一个物种，尽管现在大熊猫的总量已经大大减少，而且分布也呈碎片化状态，但人们还是发现自然分布的大熊猫的基因是比较多样的。

● **野生大熊猫并无繁殖障碍**

在许多动物园里，圈养的大熊猫很难生育繁殖后代，这是一个事实，由此使很多人产生了一种错误的观念，认为所有的大熊猫在生殖上都遇到了麻烦。实际上，野外的大熊猫根本没有生殖上的困难。

知识档案

大熊猫
目 食肉目
科 熊科，但是有的时候被划分为浣熊科大熊猫属的唯一物种。

分布 中国中部和西部的四川、陕西、甘肃等省。

栖息地 在海拔1 500~3 400米之间的凉爽、潮湿的竹林中。

体型 肩高70~80厘米；站直的时候身长可达约170厘米；体重100~150千克，雄性比雌性大10%。

皮毛 耳朵、眼圈、口鼻部、前腿、后腿和肩部为黑色，其他地方为白色。

食性 主要以竹子为食，但是野生的大熊猫还吃植物的鳞茎、草类，偶尔还吃昆虫、啮齿类动物。

繁殖 怀孕期为125~150天。

寿命 野生的大熊猫通常不会超过20岁，人工圈养的可以超过30岁。

不管是单独生活的还是"带孩子"的大熊猫，都很少聚集在一起。每一只成年的大熊猫都有一块边界明确的领地，雄性的一般为30平方千米，雌性的为4~10平方千米；雄性的领地一般全部或部分包含几只雌性的领地。交配季节为每年的3~5月份，在交配季节里，雌雄大熊猫聚集在一起，但是聚集的时间很短，只有2~4天。在雌性的发情期内，雄性之间为了获得与雌性的交配权，会爆发激烈的争斗。一个取得主导地位的雄性大

↗ 两只年轻的大熊猫在尽情地玩耍打闹。大熊猫的社会是分等级的，年轻的大熊猫的等级很低，通常很难有交配的机会，直到七八岁的时候才能得到交配的机会。

熊猫往往获得交配的优先权，但这并不是说其他雄性就没有机会了，那些占据次一级地位的雄性大熊猫有时也有交配的机会。

大熊猫的怀孕期大约为5个月，但是包括了1~3个月的胚泡延迟着床期。雌性大熊猫从4岁开始生育，至少到20岁才结束生育，一般每隔2~3年生育一胎。大熊猫幼崽在发育很不完善的阶段就出生了，因此，出生的时候体型非常小，眼睛不能睁开，不能活动，显得很无助。雌性大熊猫在产崽前往往选择一个树洞或是一个山洞，以作为产崽并抚养幼崽的"基地"。大熊猫产崽后要在洞里待1个月以上，仔细地照料它的幼崽，用它的大掌保护幼崽。

大熊猫幼崽一般在出生大约一年的时候才断奶，但是会一直跟随着母亲，直到雌性大熊猫再一次怀孕的时候才离开。独立生活之后，年轻的大熊猫会确立自己的领地，有的时候一些个体会与其母的领地重合；但是大多数的年轻大熊猫，特别是雌性年轻大熊猫会远远地离开出生地，到很远的地方建立自己的领地。

马来熊和懒熊

分布在北美洲和欧洲之外的熊类中,除了大熊猫广为人知外,人们对其他熊类了解得并不是很多。马来熊和懒熊这2种熊由于非法捕猎以及其森林栖息地的不断退化,很可能数量都在下降之中。

● 性格温顺的马来熊

马来熊是所有熊科动物中体型最小的,身上的毛发也很短,因此,有的时候人们也把它们称做"狗熊"。由于这种熊体型较小,性格也比较温顺,常常被人们当做宠物来养。马来熊又叫太阳熊,这是因为它们的胸口部有一块赭色或白色的圆形或半圆形的斑块,与太阳有些相似。在整个东南亚地区,马来熊与亚洲黑熊的栖息地往往重合,而在印度东部地区,马来熊又与懒熊的栖息地相重合。

马来熊常常栖息在高大的树上,睡觉的时候就睡在这些树上特制的巢里。马来熊的口鼻部比较短,耳朵也很短,这非常适于它们在树上生活。它们主要以水果为食,当到了水果缺乏的季节,则以昆虫为生。马来熊正常情况下在白天活动,但在那些受到人类干扰的地方,马来熊变得更加愿意在黑夜中活动了。与其他熊类不同,马来熊在一年当中任何时候都可以交配并生育幼崽,而且怀孕期也很不相同。

● 爱吃蜂蜜的懒熊

懒熊只分布在印度次大陆,其他地方没有分布。在印度次大陆,懒熊的栖息地与亚洲黑熊毗邻或稍微有些

↗ 为了吃到藏在树枝里的白蚁或蜂蜜,马来熊会用它强有力的上下颚和长长的不成比例的犬齿啃断树枝。一旦咬开一个洞,就用其长长的舌头舔食藏在洞里的昆虫、昆虫幼虫或蜂蜜。

知识档案

马来熊和懒熊
目 食肉目
科 熊科

分布 南亚和东南亚，从印度、伊朗到日本。

马来熊
分布在中南半岛、苏门答腊岛、加里曼丹岛、印度东部和中国南部的小片地区也有分布，栖息在海拔比较低的森林地带。体长1.1~1.5米，肩高约70厘米，体重27~65千克。**皮毛：**体毛比较短，基本为黑色；脖颈上有一圈毛比较长，胸口部有一块呈半月牙状或圆环状的白色或橙色的斑块，常常延伸到脖颈处。**繁殖：**怀孕期为3~8个月。**寿命：**人工圈养的可达33岁，野外生存的最高年龄不详。加里曼丹岛上的马来熊体型稍小，被认为是一个亚种。

懒熊
分布在印度、尼泊尔、不丹、斯里兰卡，可能孟加拉国也有分布，主要栖息在海拔比较低的森林和草原中。体长1.4~1.9米，肩高60~90厘米，雄性体重80~145千克，少数能超过190千克，雌性体重55~95千克。**皮毛：**毛发长而粗浓杂乱，主要为黑色，胸口部有"U"字形的白色斑块。**繁殖：**怀孕期为4~7个月。**寿命：**人工圈养的可达34岁，野外生存的最高年龄不详。

重合，不过懒熊更多的栖息地在海拔较低的地方。懒熊的学名"Melursus"来源于它们的一种嗜好——它们非常喜欢吃蜂蜜，为了得到蜂蜜，它们常常爬到树上并不惜忍受大群蜜蜂痛蜇的苦头。但是蜂蜜并不是懒熊的主食，只占其食物的很小一部分。在水果成熟的季节，水果为其主食；当水果缺少的时候，它们就以白蚁、蚂蚁和其他昆虫为食。它们掌上的五个爪比较长，而且能够轻微地弯曲，上颚非常宽，上排的两颗前门齿缺失，上下嘴唇向前伸出，这些特征使得懒熊能非常方便地挖掘和吃到昆虫。由于嘴唇的特点，它们还曾经被人称做"唇熊"。

懒熊的毛发非常长，这对于生活在热带地区的它们来说有什么作用，人们现在还不太清楚。人们猜测这种长的毛发如同人们在炎热的地区穿上宽松的衣服一样，可能起到散热的作用。在懒熊进化的过程中，印度次大陆曾经是一片大草原，间或有稀疏的灌木丛，缺少遮阳之处。

4个世纪以来，印度一个到处游走不定的民族喀兰达人常常靠训练懒熊让它们"卖艺"来维持生活。这些人通过某种方法，把幼小的懒熊从窝里诱骗出来，然后拔去其牙齿，剪掉其利爪，以绳子或铁圈套住鼻口，来训练它们。现在仍然有超过1 000头的懒熊被人们操控以进行表演，在印度，这种表演主要集中在城市的郊区和游客集中的地方。

蜜熊

蜜熊的尾巴能够卷起来抓住树枝，眼睛大大的，而且向前突出，而且它也特别倾向于吃各种水果，这些特征误导了早期的分类学家，曾经把它们归入灵长目，称它们为黄狐猴，后来才给了它们现在的名字。现在通过分析蜜熊的DNA双螺旋结构，可以证明它们并不是一种猴子。它们喜欢夜间活动，喜欢吃各种水果，这些情况其实也正表明了它们正确的分类位置。通过复杂的解剖结构和基因追踪技术，可以揭示出蜜熊的真实身份——其实它们的祖先是一种食肉目动物，现在与它们亲缘关系最近的是浣熊科中的长鼻浣熊、普通浣熊、蓬尾浣熊等。

从外表和生活习性上来说，蜜熊是最像犬浣熊的了，这两种动物有的时候甚至结伴出去搜寻食物。犬浣熊的食物种类非常广泛，有昆虫、小型哺乳动物、鸟类等，而蜜熊只吃甜食。尽管两者的食物不很相同，但由于它们有太多的相似点，一些分类学家还是把它们列为一个单独的亚科。

● 在树冠间荡来荡去

蜜熊最像猴子的一个方面就是它们的尾巴能卷起来抓住树枝，常常用尾巴来保持平衡。尽管蜜熊的体重有2～3千克，它们还是能在夜晚的热带雨林中从一棵树的树冠灵巧地跳到另一棵树的树冠上。蜜熊还常常用尾巴倒吊在树上，然后用灵活的前爪来抓取食物。

蜜熊的尾巴也是它们的一种安全保障。在夜晚，森林的地面上很危险，因为有许多活动在地面上的食肉

↗ 蜜熊能在树上快速地转移。当它要从一根树枝荡到另一根树枝的时候，就用毛很短的长尾巴紧紧地卷在树枝上，以保证自身的安全。尾巴是区分蜜熊和犬浣熊的一个重要标志，犬浣熊的尾巴很长，毛很多，但是不能卷起来。

知识档案

蜜熊

目 食肉目
科 浣熊科
蜜熊属，蜜熊是本属唯一物种。

分布 中美、南美洲，从墨西哥南部到巴西。
栖息地 热带雨林。
体型 体长42~57厘米，尾长40~56厘米，体重1.4~4.6千克。
皮毛 体毛较短，呈棕色，有茶色的斑块。
食性 吃多种水果，还有花蜜、花蕾、昆虫和小型脊椎动物。
繁殖 怀孕期为112~118天。
寿命 人工圈养的可达32岁。

动物，如美洲虎等，而蜜熊的尾巴特征保证了它们能在树冠上安全地活动，所以，它们很少成为其他食肉动物的"盘中餐"。对于夜晚活动的猫头鹰来说，由于蜜熊也同样在夜晚活动，因此不至于成为其猎物；对于新热带界的猛禽来说，蜜熊的体型则太大，不是合适的猎物。由于蜜熊很少成为其他食肉动物的猎物，很少有天敌，所以当专家们在地面上观察它们的时候，它们并不害怕人；同样，当夜晚月光比较亮而使它们失去了黑暗的保护时，它们也跟平常一样活动。但从另一方面来说，蜜熊的繁殖率很低，每胎基本上只产1崽，一年也只产1胎，这就可以说明为什么蜜熊的天敌很少，它们还是不能保持一个很高的数量。

为避免食肉动物的捕食，也为了更容易地采摘水果，蜜熊总是待在树顶上。它们的食物中有90%是水果，10%是树叶和花蜜。生活在巴拿马的蜜熊根本不吃肉食，而有些地方的蜜熊也把昆虫作为一种重要的食物。蜜熊吃各种各样的水果，在巴拿马中部地区，它们吃的水果种类至少有78种，不过它们更喜欢吃新鲜和比较甜的水果。哺乳动物中，除了果蝠外，几乎没有比蜜熊更喜爱吃水果的了。在灵长目动物中，蜘蛛猴、黑猩猩、猩猩被认为是食水果的"专家"，但是这几种动物的食物中水果的比例很少超过70%，与蜜熊比就成了"外行"了。

● **过着猴子一样的生活**

由于被其他食肉动物吃掉的危险性比较低，蜜熊不必组织起来去共同对付敌人，因此，夜晚搜寻食物的时候，蜜熊像其他食肉目动物一样，一般都是单独行动。有统计显示，蜜熊80.4%的搜寻食物时间是单独度过的。但是它们仍然有社会组织，许多蜜熊会组成一个群体，成员间像灵长目动物一样定期地碰面。这种既独立寻食又有组织的生活，是为了减少对食物的竞争，因为在大片水果林里，为了食物而发生同类间的竞争是没有必要的。在水果林，由于都来寻食，许多蜜熊常常在树顶上碰面，这个时候就有35.3%的进食时间一起度过。一般来说，在白天，蜜熊群体中的成员常常聚集在临近的巢穴中睡觉。

这种巢穴可能是树洞或厚密而庞大的棕榈树丛，有的时候甚至有多达5只蜜熊挤在一起，躲在藏身之处。一旦蜜熊群体重新集结起来，就可以看到它们的各种社会行为了。它们可能组成小组互相梳理皮毛、共同搜寻食物，年幼的小蜜熊们可能在一块儿玩

要。平均来说，互相梳理皮毛的时间能持续6.4分钟，有时甚至延长到28分钟。尽管一个蜜熊群体中所有的成员都会分别组成小组互相梳理皮毛，但是成年雄性和将近成年的雄性组成小组的情况更为普遍。

蜜熊的一个社会群体通常包括一只生育后代的母蜜熊、它的不到1岁的幼崽以及1~3岁的年轻后代，通常还有两只成年雄性蜜熊。那些群体中的成年雄性之间通常有血缘关系，平常很友善，但是偶尔也会发生冲突，特别是在交配季节，成年雄性成员之间更易发生冲突。蜜熊群体中，一般由一只成年雄性控制着那些短暂的冲突，并且通过保卫达到交配期的雌性而垄断了交配权。

一项数据显示，处于主导地位的那只雄性占据了91.7%的交配机会。

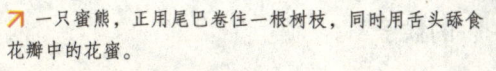
一只蜜熊，正用尾巴卷住一根树枝，同时用舌头舔食花瓣中的花蜜。

蜜熊的社会群体是以父系的血缘为基础的，长大的雄性一般不会离开，而雌性却要分散开。这种偏向性可以从雌性很明显地离开出生的群体中看出，也可以从DNA基因检测中得出。通过微随体基因检测可以发现，邻近居住的雄性之间有很近的亲缘关系，而邻近居住的雌性之间的亲缘关系并不很强。这可以清楚地看出，雌性长大后要比雄性更多地离开家园。另外需要指出，并不是所有的处于繁育期的雌性都要加入到群体中，有些并不在群体中养育幼崽，可以说它们是"单身母亲"。

成年蜜熊群体占有的领地一般为0.3～0.5平方千米，而且两个群体之间有严格的领地边界。蜜熊身上有一些独特的腺体，如下巴上、咽喉部、胸部上都有腺体，这些腺体分泌的液体能散发出某种气味，蜜熊就是用这些腺体的分泌液做领地标记。不在群体中生活的"单身母亲"常常生活在两个群体之间的边缘地带，生活区与雄性团体的领地稍微有重合，但是绝不与雌性群体的领地重合。

至于为什么一个群体中要存在两只成年雄性，人们现在还不太清楚其原因，但是猜测可能与占领和保卫领地有关。要保护住领地，要完全据有一只成年雌性，还要尽量占有与自己领地稍有重合的至少一位"单身母亲"，需要花很大的力气，如果一个群体中只有一只成年雄性就很难完成这些任务。因此，从这个方面来说，蜜熊的行为方式与某些食肉动物如猎豹和浣熊有些相似，它们都是雄性组成团体，然后占有独立行动的雌性。

从其他方面来说，蜜熊的社会行为与其他浣熊科动物很不相同，但与灵长目的某些动物却有相似之处。蜜熊的社会组织、社会生活"既分裂又融合"，雄性间组成群体，雌性间长大后分裂单过，这种社会行为与蜘蛛猴和黑猩猩有些相似。正因为蜜熊与某些灵长类动物有这样的相似之处，所以，我们可以比较容易地理解为什么有些早期的博物学家把蜜熊误认为某种猴子，也可以理解为什么现在还有些当地人把蜜熊称做"在夜间活动的猴子"。

↗ 蜜熊的两只前掌特别有力，可以帮助它们抓取食物并顺利地在热带雨林的树冠上游走。一般来说，它们的两只后掌比前掌要长。

小熊猫和蓬尾浣熊

生活在亚洲的小熊猫和生活在中、南美洲的几种夜行性的浣熊科动物,是人们现在了解得最少的浣熊科动物。小熊猫比较"害羞",过着离群索居的生活,它们以竹子为主食,同时还吃另外的几种食物;生活在美洲的蓬尾浣熊是杂食性的,各种水果、昆虫和小型哺乳动物都是它们的主要食物。

● "缩小"的大熊猫

尽管在形态学、解剖学、生物化学和古生物学上有许多证据显示,小熊猫与熊科特别是大熊猫有相当近的关系,但小熊猫现在还是被分在了浣熊科中,并且是浣熊科小熊猫亚科中的唯一物种。自从1827年第一次引起有关专家的关注以来,小熊猫的生物学分类地位就一直飘忽不定,而且它一直被当作唯一种类的熊猫,直到1869年第一次发现大熊猫。

小熊猫的体毛又长又粗糙,接近皮肤的地方有一层浓密的绒毛,寒冷的时候可以保暖,空气湿度很大的时候可以保持干燥。小熊猫脚掌的底部也有一层白色的毛发,这与其他生活在热带地区的哺乳动物是不同的,这种情况倒与生活在北极地区的哺乳动物如北极熊很相似。小熊猫的每个掌上都有5个发育完好的趾,趾间距离比较大,每个趾上都有爪,而且爪能

↗ 面部具有显著特征的小熊猫栖息在温带地区的森林中,这些森林的地表长满了竹子,小熊猫基本以竹子为生。它们现在分布在从尼泊尔到不丹,再到缅甸、中国南部的某些地区。由于小熊猫的适应能力比较弱,只能生活在温带山地中竹子比较多的地方,所以,一旦这些地方的生态系统遭到破坏,它们就有灭绝的危险。现在喜马拉雅山区的小熊猫就面临着严重的威胁。

够弯曲、半缩回掌中。小熊猫与大熊猫一样,两只前掌上都有一个"伪拇指",可以抓握竹枝,只是小熊猫的"伪拇指"没有大熊猫的大。

小熊猫生活在中国西南地区海拔二、三千米的亚高山丛林中。栖居在树洞或石洞中,凌晨和黄昏出洞觅食。常在树枝上攀爬,有时高卧树枝上休息。夏季喜欢在河谷地区活动;冬季蹲伏在山崖边或树顶上晒太阳。

小熊猫胃的构造比较简单,仅有一个室,盲肠已经退化,这在食肉目动物中是有代表性的。它们掌底的肉垫上也长有一列列微小的毛孔,可以分泌一些带有气味的液体。小熊猫雌雄两性的肛门开口附近都有一对腺体,呈深绿色,可以释放一些具有刺激性气味的气体。小熊猫可以发出多种声音,有长声尖叫、连续的吱吱喳喳声,还有一种奇怪的嘎嘎的喷鼻声,以及嘶嘶声、掌击下颌声和咕哝声等等。

小熊猫主要以竹叶为食,但有的时候也在地面上搜寻植物的根部、多汁的草类、掉到地面上的水果、昆虫及其幼虫等。当然,小熊猫的主食是竹叶和竹的嫩芽,当它们吃竹子的时候,就用前掌扳住竹茎,用嘴把竹叶捋下来,对于竹茎顶端的叶子则用门齿把它"切"下来。

小熊猫几乎整天都活动,但是活动的高峰期是黎明和黄昏,还有中午和午夜11点四个时段。由于小熊猫食物的营养含量比较低,它们需要吃掉大量的食物才能满足身体的需要。平均来说,它们一天中有56%的时间用来寻食和进食。当秋天来到的时候,各种好吃的水果都成熟了,但是水果树的分布较为分散,它们就需要花更多的时间穿梭奔走于各个地方。冬季是小熊猫的交配季节,这个时候它们一天中有63%的时间用来活动。研究人员在尼泊尔蓝塘国家公园进行的一项为期两年的研究发现，小熊猫雌雄两性之间的领地多有重合，雄性之间的领地也有重合，但是雌性之间的领地却几乎没有重合的地方。小熊猫的领地大小很不相同，在1.4～11.6平方千米之间；一般来说，雄性的领地要大于雌性的领地，特别是在交配季节更是如此。

●蓬尾浣熊——小块头，大食量

蓬尾浣熊体型较小，但是它的牙齿很像犬科动物的牙齿，这可以反映出它吃肉食的本性。这种浣熊科动物的四肢很长，身体很柔韧易弯，尾巴也很长，有环状条纹并且尾巴上的毛很多，向外蓬松。面部与狐狸很像，耳朵比其他浣熊科动物的要大。耳朵是圆形的，爪能够半缩回。

尽管蓬尾浣熊是体型最小的浣熊科动物，但却是吃肉食最多的，常常捕食啮齿类动物、昆虫、鸟类，也会吃一些水果和蔬菜。

蓬尾浣熊主要生活在墨西哥至哥斯达黎加的热带山林地区。它们在夜间活动，白天通常在洞穴中睡觉。蓬尾浣熊交配季节在二至五月，孕期51～54天，一胎通常产1～4仔，哺乳期7～9周，2岁性成熟。野生蓬尾浣熊寿命7岁以上，人工喂养的蓬尾浣熊寿命最高纪录是16岁。

知识档案

小熊猫和蓬尾浣熊
目 食肉目
科 浣熊科

小熊猫

小熊猫亚科小熊猫属

分布在中国南方到喜马拉雅山区，栖息在偏远的、高海拔的竹林中。**体型**：体长50～60厘米，尾长30～50厘米，体重3～5千克。**皮毛**：体毛较软、较稠密，背部为栗色，四肢和腹部下侧颜色较深，眼眶和两颊有大小不等的白斑。**繁殖**：怀孕期为112～158天，每胎产息1～2只，新生幼息体重110～130克。**寿命**：最高可活到14岁。**亚种**：小熊猫种内已分化为2个亚种：指名亚种，分布在喜马拉雅山区的尼泊尔到印度阿萨姆邦；川西亚种，分布在缅甸到中国南方。

蓬尾浣熊

蓬尾浣熊属

分布在美国西部，从俄勒冈州到科罗拉多州以及墨西哥全境。**栖息地**：干旱地带，特别是岩石丘陵中。**体型**：体长31～38厘米，尾长31～44厘米，体重0.8～1.1千克。**皮毛**：全身为灰色或棕色，眼眶上下两边和面颊上有白色斑点。

↘一只蓬尾浣熊正在吃一只蜥蜴。

貂类

也许很多人都会认为，生活在北美的豪猪由于身上长满了令人恐惧的尖锐的硬刺而显得无懈可击，没有什么动物能够吃掉它，但是有一种貂类——渔貂，就能成功地捕杀这种其他食肉动物无法捕杀的豪猪。渔貂在进化的过程中，发展出了一套独特的捕食方法，能够成功地杀死豪猪。渔貂与其他貂类一样，主要在树上和地面上搜寻食物，它们都有高度的适应能力和高效率的捕食本领。

在700万～200万年前的更新世时代，貂类就与鼬科动物中的其他种类明显地分化出来。从貂类祖先遗留下来的一些骨骼上可以看出，貂类有一些较为不同的分支，可以分几个亚属，松貂、黄喉貂、渔貂在那个时代就很明显地被区分出来。在接下来的时代里，进化在继续，貂类的分化也在继续；200万年前，水貂属的前两个亚属分化了出来。

● 豪猪的致命敌人

貂类是体型中等的食肉动物，只是身体适度加长了些。它们的面部呈楔形，耳朵呈圆形，比某些鼬科动物的大。它们尾巴上的毛又长又密，在树上穿行的时候，尾巴可以起到平衡杆的作用。脚掌比较大，掌的底部没有毛发覆盖，掌上的爪能够半缩回，这一点对它们来说非常有用。貂类可以毫不费力地从一根树枝跳到另一根树枝上，它们是鼬科动物中最为灵活、姿态最为舒展的一类。貂类常常在它们常走的树上和地面上做一些标记，主要是用肛门附近的腺体分泌物和尿液。

石貂栖息于欧洲到中亚的针叶林和落叶林中，也时常出现在人类的住宅区附近。石貂的喉部有很大的白色斑块，这块白斑也常常扩展到前腿和

↗ 这是一只渔貂，它正站在岩石上仔细地观察周围的情况。尽管被叫做渔貂，但是它其实很少吃鱼，鱼只是这种生活于北美的貂类的食物中很小的一部分。对于所有的貂类来说，鱼类都不是它们的主食，它们的食物主要为小型哺乳动物，如仓鼠和松鼠，还有一些水果、鸟卵、昆虫等。

知识档案

貂类

目 食肉目
科 鼬科
亚科 鼬亚科

貂属共8种，狐鼬则是狐鼬属的唯一物种。

分布 貂属分布在亚洲、北美洲和欧洲，狐鼬属分布在中南美洲。

栖息地 针叶林和某些落叶林以及热带的某些山区，石貂栖息在一些城镇郊区。

体型 体长30~75厘米，尾长12~45厘米，体重0.5~6千克；在所有的貂类中，雄性体重都超出同种雌性30%~100%。

皮毛 体毛通常又软又密，以棕色为主，足部和尾巴颜色较深，有的时候为黑色；喉部或嘴部常有苍白色斑块；尾巴上的毛较密且较长；足底有毛覆盖。

食性 吃小型哺乳动物、鸟类、鱼类、昆虫及一些水果。

繁殖 生活在北方的大多数种类怀孕期为8~9个月，包括6~7个月的受精卵延迟着床期。

寿命 大多数种类在10~15年之间。

腹部下侧。石貂从外表上看起来很像只生活在北方针叶林里的貂类，如松貂、紫貂、日本貂、美洲貂，只是后面几种貂类的唇部比较小。北方的这4种貂（某些权威分类学家认为它们只是1种）唇部大小不等，从欧洲向东跨过太平洋一直到北美，唇部越来越小，如欧洲的松貂唇部最大，北美的美洲貂唇部最小。生活在亚洲南部的两种貂——黄喉貂和格氏貂，其唇部都呈明显的黄色，有时也被认为是同一物种。生活在北美针叶林和混合林中的渔貂是所有貂类中体型最大的，并且喉部没有斑块，这与其他貂类是不同的。

渔貂在很多方面都有其代表性。并不像大多数人想象的那样，它们因为具有捕鱼的技巧或是能够"用饵钓鱼"，才得到了"渔貂"这个名字，与此相反，一些专家认为，"渔貂"这个名字来源于古代英语"fiche"这个词，在荷兰语和法语里这个词指代欧洲林鼬及其皮毛。渔貂的一项特殊本领就是能够捕食豪猪，这需要有多种策略以及耐心。我们知道，豪猪从颈到背部、腹部两侧都布满了一排排的硬刺，而大多数食肉动物在攻击猎物的时候都是咬猎物的脖子，所以对于豪猪，它们觉得无从下口。而渔貂则不同，它看准了豪猪的一个弱点，即豪猪的面部没有硬刺的保护。渔貂常常站在低于地面的地方，这样可以直接攻击豪猪的面部，足以给其面部以重击。渔貂一直在地面上绕着豪猪转圈，以找准时机咬其面部。豪猪为了保护自己，会努力地使自己长满刺的背部和尾部冲着渔貂，而使面部对着一根圆木或树干。一旦渔貂重重地咬到豪猪的面部几次，豪猪就会由于受惊过度而难以保护自己了。然后渔貂就会瞅准机会，猛地把豪猪身子翻过来，咬开它的肚子（豪猪的腹部下侧也没有硬刺的保护），这样，渔貂就可以饱餐一顿了。杀死一只豪猪是一项费时费力的工作，要想取得成功，需要花费半个小时以上；而成功的回报也是巨大的，即使有其他食腐动物的偷吃和抢夺，一只豪猪也足以使渔貂饱餐两个星期以上。在一些豪猪比较多的地区，渔貂1/4的食物可能都来自豪猪。

狐鼬被认为是一种长得很像貂类的鼬科动物，但是其体型比大多数真正的貂类要大很多，社会行为上也与貂类不同。狐鼬生活在从墨西哥向南一直到阿根廷的森林中，特立尼达岛上也有分布。它们的食物包括鸟类、小型哺乳类和各种水果，因此有时会对香蕉园造成比较大的破坏。尽管在体型上很像渔貂，但是狐鼬的身体机能却与渔貂有很多不同之处。狐鼬的躯体没有加长，四肢比渔貂长，雌雄两性的体型差异没有貂类大，而且狐鼬的新陈代谢率比人们想象的要慢。

● "花心"的伴侣

一般来说，貂类都是独自生活的。它们的交配关系很复杂，是一种多配偶制，也就是说，在交配季节可以和多个异性进行交配。通常情况下，交配季节是在夏末（渔貂是在初春），在下一个初春时节分娩。貂类一胎产1～5只幼崽，幼崽刚出生的时候眼睛无法睁开，也听不见声音，体毛很稀疏。幼崽出生约2个月后断奶，3～4个月大就会捕食猎物，不久就要离开母貂单过。一般貂类都不会容忍其他同类进入自己的领地，尤其是同性同类。狐鼬却能相当程度地容忍同类，人们常常可以发现成双结对的狐鼬，甚至包含更多成员的狐鼬家庭、狐鼬群体。

由于几种貂类（尤其是紫貂和渔貂）的皮毛具有经济价值，它们有时受到人类高强度的猎杀和活捉；再加上它们栖息的针叶林、针阔混交林的减少，几种貂类的数量有所下降。但现在除了生活在印度南部的格氏貂有灭绝的危险外，其他种类暂时还没有危险。

↘ 这是一只榉貂，它正在绷紧全身，跳过一处水塘。绝大多数情况下，榉貂主要在树上捕食，但有时也会在农田附近捕食家鼠和仓鼠，有时甚至跑到人们家中的阁楼里做巢。榉貂也会栖息在岩石山区，有的时候在岩石的裂缝和石头堆中做巢，因此，人们也把它们称做"石貂"。

獾 类

> 獾类是一种体型短而粗壮的鼬科动物,广泛分布于北半球。在第三纪时期,它们起源于亚洲的森林中(獾属则出现于大约200万年前),后来扩散到一系列广阔的栖息地中,其中包括开阔的平原、半沙漠地带和农耕区。比较原始的鼬獾属像其祖先一样生活在树上,而其他獾类则毅然决然地搬到了地面上靠挖一些植物的根部为食。

獾的名字就能反映它们的能力,"badger"这个单词来源于法语"bêcheur",意思是"挖掘者"。普通獾、美洲獾、猪獾和臭獾有紧凑短粗的四肢,有长满肌肉的掌和长长的爪,这使得它们非常善于挖洞。另外,鼬他臭獾(又称马来獾)前掌上的趾连在一起,爪的根部向后弯曲,看起来非常有助于挖掘。美洲獾也是技术精湛的挖掘者,当它们在开阔地上受到威胁的时候,能在1分钟内快速地挖好一个地洞,使自己安全地藏到里面,并且在外面完全看不见它们。与此相反,那些更为原始的鼬獾属獾类的体重要比其他獾轻很多,躯体很长,反而与貂类很像。

● 面相古怪

所有种类的獾都生活在洞穴中,但是普通獾挖的洞穴特别复杂,可以从上一代传到下一代,有些已经使用了好几百年。目前发现的最大型普通獾洞穴据估计有879米长的隧道,有129个入口。建造这个巨大的洞穴体系,需要一代代的普通獾接力地挖下去,总共需要搬走约62吨重的泥土。其他种类的獾的洞穴则比较简单。

所有种类的獾的面部都有醒目的颜色,普通獾的头顶有条纹,鼬獾属的面部则有古怪的颜色。至于为什么所有的獾面部都有些醒目的颜色,人们现在还不太清楚,据估计有些可能起到保暖的作用,可以吸收太阳热量。獾在攻击猎物的时候,显得特别强壮有力和凶猛残暴。它们还能释放出一种刺激性的气味,这些特征可以使得它们的潜在敌人产生一种"不愉快的"心理,之后再碰到獾的话可能就不吃它们了。不过獾仍然是一些食肉动物的猎物:在泰国,猪獾是豹子的一种重要食物来源;普通獾以前可能是狼和熊的重要猎物,现在在一些

知识档案

獾类

目 食肉目
科 鼬科

所有的獾分属3个亚科——獾亚科、蜜獾亚科、美洲獾亚科，共6属10种。

分布 非洲、亚洲、欧洲和北美洲。
栖息地 小片林地、大片森林、城市公园、花园，某些种类栖息在山区、无树或稀树大草原。
体型 体长最小的鼬獾仅有50厘米，最大的有1米，其他种类都在两者之间；体重最小的为2千克，最大的为12千克。
皮毛 体色为灰黑色、深棕色或浅棕色；所有种类面部都有条纹，有的背部也有条纹。
食性 吃昆虫、蚯蚓、水果、蔬菜以及各种小型脊椎和无脊椎动物等。
繁殖 怀孕期3.5~12个月，包括延迟着床期。
寿命 人工圈养的可达25岁，野生的还不太清楚。

森林地带仍然受到两者的捕食。

● 冲出亚洲，走向世界

獾是从一种长得像貂的动物进化来的，其祖先生活在亚洲的森林里。现在的鼬獾、猪獾和臭獾还像其祖先一样栖息在亚洲的森林地带，但是最为常见的普通獾对栖息地的要求则不高，因而现在分布很广泛。普通獾占领了巨大的地盘，从爱尔兰往东一直到日本，往南到地中海中的一些干旱岛屿，往北到斯堪的纳维亚半岛和俄罗斯的北温带北部森林地区，以及以色列和约旦的半沙漠地带，都有普通獾的踪影，甚至在一些城市的郊区也有分布。普通獾甚至到达了俄罗斯极北的环北极地区，在英伦诸岛的一些不连贯的落叶林和草原地带，普通獾的密度则达到了最高。与此相反，美洲獾更多地栖息在开阔的平原地带。

● 身体就是"储物箱"

除了美洲獾外，其他所有种类的獾都是杂食性动物，食物种类很多，包括各种昆虫和其他无脊椎动物，还有小型的脊椎动物、谷物、植物块茎。在英伦诸岛，普通獾主要吃各种蚯蚓，因此被人称为"吃蚯蚓的专家"，它们一晚上可以吃几百条蚯蚓。其他地方的普通獾主食有所不同，如在西班牙南部主要吃野兔，在意大利主要吃橄榄果。普通獾有长长的爪、厚厚的皮毛，它们也因此成为少数吃刺猬的动物之一，所以在普通獾分布比较多的地方，刺猬的数量就很少。当普通獾在搜寻猎物的时候，常常避免发出气味。

与其他獾不同，美洲獾是更为专一的捕食者，它们只吃穴居的啮齿动物，包括草原犬鼠、地松鼠和衣囊鼠等。如果某个地方的猎物非常丰盛，如在草原犬鼠的聚居地，美洲獾有的时候会与郊狼共同来捕食，而且看起来两种动物可以进行真诚的合作，可以共同获利。

美洲獾和普通獾有一种季节性的在体内储存脂肪的习性,这可以反映出它们在不同的季节获得的食物量是不同的。在温带地区,獾的脊椎和无脊椎猎物在冬季常常很稀少,它们就在秋天的时候捕食大量的猎物,并变成脂肪储存在体内,当冬季基本没有猎物的时候,它们就主要靠秋天时储存的脂肪维持生命。对于普通獾来说,这种储存脂肪的习性是由体内的荷尔蒙控制的,甚至在一年四季食物都很充足的地区,还是要储存脂肪。在特别寒冷的冬季中期,美洲獾会进入一种蛰伏的状态,待在洞穴里不动,可以两个月不到地面上来。生活在英伦诸岛的普通獾并没有冬眠的习性,但是也变得几乎不动,可以在洞穴里待上几天甚至几个星期。在欧洲北部特别严寒的地方,普通獾可以很长时间保持几乎不活动的状态。

● 灵活的家庭组织

大多数种类的獾都是极端的独行者,例如年轻的美洲獾一旦达到能独立生活的年龄,立即离开母獾,分散到各地。只有在交配季节,雌性和雄性才会聚在一起。雄性獾并不保卫自己的领地,相反,它们在很大范围内寻找可以交配的雌性。雌性獾的栖息地在某种程

↗ 普通獾在冬末的时候分娩,每胎产2~5只幼崽,通常为3只。这些幼崽要在地下的洞穴里度过它们生命中最初的8个星期。母獾之所以这么早产下幼崽,是为了让它们在食物丰盛的初夏季节能够独立生活,在下一个冬天到来之前有足够的时间来长身体,以降低在下一个冬天的死亡概率。

度上有所重合。在栖息地内，雌性和雄性可能有好多个不相连的洞穴，例如在一处7.5平方千米的栖息地内，一只雌性獾就可能有50个洞穴。

獾这种独立生活的特性可能来源于它们的祖先，但是普通獾却进化成了一种倾向于过群居生活的动物。那些生活在一起的普通獾有很强的领地意识，它们会在领地周围布置各种气味标记，会为保护领地而和其他群的普通獾开战，因此，常常在领地周围爆发一系列冲突。但是令人费解的是，它们偶尔却容忍闯入自己领地的邻居。在一块领地内，生活在一起的普通獾大部分的相互行为是很友善的，它们互相为对方梳理皮毛，互相帮助做各种气味标记——互相梳理皮毛可以巩固和加强社会联系，在许多哺乳动物的群体中都有互相梳理皮毛的行为。在梳理皮毛的时候，两只普通獾会结成一对，一刻不停地互相梳理。但有时有些成员会违反"规则"，不为对方梳理皮毛，从而会发生不愉快的事，另一方也会针锋相对。这种"不愉快"只需持续几秒钟，合作关系就会完蛋，当然，这种情况是不常发生的。在寒冷的日子里，2~3只普通獾常常挤在一个巢穴里睡觉。

普通獾之所以有群体，是因为幼崽长大后仍然待在它们出生的领地中。在英伦诸岛，80%的年轻普通獾从不离开它们出生的群体，这也意味着一个群体会不断地变大，甚至可以达到27只獾共同生活在一块领地中，住在同一个洞穴或几个洞穴里的程度。

普通獾过群居生活的原因现在还不太清楚，可能与天气和食物的供给有关。普通獾只在温带地区降水量相对较多的地方才结成群体共同生活，在北部的斯堪的纳维亚地区和南部的西班牙等寒冷或干旱而且食物稀少的地区，普通獾则单独或成对生活，栖息地也很大，能达到4~5平方千米。与此相反，在食物丰盛的英格兰南部草地和林地，普通獾则组成一个个包含4个或4个以上成年成员的群体，领地面积也只有0.2平方千米。

过群居生活的普通獾，在一个群体内所有的成员都有近亲关系。这有时会带来一些麻烦，如在交配季节所有的成年雄性和雌性都要去邻近的群体中找没有血缘关系的交配对象，有

↗ 一只獾正在搜寻食物。

些成员到邻近群体后就留在那里永不返回了。在少数几个地区内，雄性普通獾长大后会迁移出去，而且常常迁移到邻近的群体中，而雌性普通獾则终生待在出生的群体里。在另外一些地区，雌性和雄性幼崽长大后都要离开出生的群体，特别是年轻的雌性往往2只或3只组成小组结伴出去，而且有证据表明，它们到达一块领地后，往往取代原来生活在那里的雌性而成为新的"女主人"。

● 低成本育儿

在英格兰南部的栖息地，最多可能有4只雌性普通獾把幼崽放在一块共同抚养，而在更高纬度地区都是母獾单独抚养幼崽，这可能与可获得的食物量受到更多限制有关。普通獾的交配关系是非常令人好奇的，在一个发情期内，一只母獾可能与多达6只的雄獾交配。有的时候这些雄獾之间的敌意被限制在最低程度，它们可能会排队与雌性交配，有的时候还没轮到的雄獾会给轮到的雄獾梳理皮毛，好像在讨好它，有"加塞儿"的意思。普通獾的另一个使人感到好奇的地方是，在一个群体内，极难区分成年獾的社会地位，好像其地位都不固定。

普通獾的胎儿发育期真正开始于冬季的中期，那个时候，獾基本上停止各种活动而处于蛰伏期，这也可以解释为什么普通獾的生育周期比较特殊。普通獾有延迟着床现象，母獾可以选择在2~10月份的任何时候交配，但是胚胎的进一步发育则会延迟至冬季中期，然后胚胎才附着在子宫壁上进一步发育。美洲獾与其相似，同样的现象也发生在猪獾中。与此相反，在鼬獾属动物中，雌性很少在同一个时间生育，它们每年都可以生一胎，而且几乎没有证据表明它们有延迟着床现象。

由于普通獾和美洲獾的胎儿都在冬季中期开始发育，那个时候，母獾几乎不活动或正在蛰伏，因此，母獾自己和胎儿都几乎要靠母獾以前储存在体内的脂肪维持生命。也可能因为这个原因，新生幼崽的体型都非常小，幼崽与母獾的身体比例在所有哺乳动物中几乎是最小的。

例如，一只重9.5千克的雌性美洲獾产下2只幼崽，每只幼崽的体重都不超过100克，而其他哺乳动物则可能产下总重约1千克的幼崽。这表明獾在怀孕期的时候付出的"成本"是很低的，但是在日后却需要付出更多的代价，吃奶的幼崽要消耗母獾更多的能量，需要母獾比其他抚育幼崽的哺乳动物做得更多。这种在温带地区生活的獾，其生育策略与熊类很相似，熊科动物也是在冬天怀孕，生下的幼崽体型也很小。

臭鼬

臭鼬能释放一种刺激性的气味，至少人类的鼻子闻起来非常难受，不过，这种气味对它们自己却是无害的。臭鼬是一类主要靠化学物质来保护自己的哺乳动物，这在哺乳动物中是不多见的。

臭鼬有黑白分明的皮毛样式，是一种警戒色，可以起到吓跑敌人的作用。当臭鼬受到威胁的时候，就翘起尾巴，抬起后腿，发出尖锐的咝咝声，甚至用前腿支撑身体倒立起来，吓唬攻击者使之知难而退。如果这些招数失灵的话，臭鼬就会使出"杀手锏"，释放一种混合了多种化学物质的气体，足以使得攻击者无法对它们下手。这种气体包含硫、丁烷和甲烷等化合物，气味很有刺激性。

↗ 所有种类的臭鼬身上都有黑色和白色的斑块，但是任何两种或是同一种内任何两只臭鼬的颜色样式都不相同。标号为"1"和"2"的是两只普通臭鼬；标号为"3"的是一只獾臭鼬，它正在用长长的、光洁无毛的鼻子搜寻猎物；标号为"4"的是一只西部斑臭鼬；标号为"5"的是大尾臭鼬，背部为白色。

● 拥有"化学武器"

除了加拿大极北部以外，臭鼬遍布于北美、中美和南美洲，它们栖息在林地内，而且只要有食物和居所，它们也常常出现于城镇郊区和市内。

正常情况下，臭鼬能在2米范围内释放臭气攻击目标，但是在顺风的情况下，人最远能够在1千米的距离内分辨出这种气味。臭鼬释放的气体能导致人情绪的极大波动，如果气体进入眼内，还能导致短暂的失明。在臭鼬的肛门两侧各有一个腺体，呈乳突状，臭气就储存在这两个腺体中，并且腺体侧面有肌肉，可以加强释放的力度。如果腺体内存满气体，可以释放5～6次，但是一旦释放完，需要48个小时才能补充上。

从体型上说，臭鼬介于鼬类和獾类之间。臭鼬前掌上有长长的爪，可以用来捕捉猎物，或者挖掘洞穴，以便平时休息、冬天蛰伏、生育和喂养幼崽。

知识档案

臭鼬
目 食肉目
科 臭鼬科
共3属10种。

分布 北美、中美和南美洲。

普通臭鼬

分布：加拿大南部、美国、墨西哥北部，也常常出现在市郊和城镇内部，栖息在洞穴中或建筑物下。**体型**：体长68厘米，体重1.5~6千克。**皮毛**：体色为黑色，背部有带分叉的白色条纹；头部有白色斑块或白色条纹。**繁殖**：2~3月份交配；怀孕期为62~66天；4~5月份产崽，每胎3~9只。**寿命**：野生的大多数活不到3岁，人工圈养的能达到8~10岁。

大尾臭鼬

分布：美国西南部，喜欢栖息在岩石峡谷中或西南部的沙漠地带，活动隐秘。**体型**：体长31厘米，体重0.9千克。**皮毛**：一种是背部全为白色，其他地方为黑色；一种是黑色，但是腹部两侧有细白色条纹；一种是前两种的混合，也就是背部为白色，腹部两侧有白色条纹，其他地方为黑色。**繁殖**：3~4月份交配；怀孕期63天；5~6月份产崽，每胎3~6只。

斑臭鼬

分布：共有3种：西部斑臭鼬，分布在美国西部到墨西哥中部；东部斑臭鼬，分布在美国东南部到中部再到墨西哥东部；侏斑臭鼬，分布在墨西哥的西部和西南部。所有3种斑臭鼬都善于爬树，穴居在岩石缝中、地洞或建筑物下。**体型**：体长40厘米，体重0.5千克。**皮毛**：体色为黑色，有4~6个不连续的白色条纹或者白斑；体毛比其他属的臭鼬要亮一些。**繁殖**：东部斑臭鼬和侏斑臭鼬在2~4月份交配，怀孕期50~65天；西部斑臭鼬在夏末交配次年5月份产崽；所有3种每胎产崽2~6只。

獾臭鼬

分布：共有5种：西部獾臭鼬，分布在美国南部、尼加拉瓜；东部獾臭鼬（又称白背獾臭鼬），分布在美国得克萨斯州东部和墨西哥东部；墨西哥獾臭鼬，分布在墨西哥南部、秘鲁北部和巴西东部；安第斯獾臭鼬（又称智利獾臭鼬），分布在阿根廷、玻利维亚、智利、巴拉圭和秘鲁；巴塔哥尼亚獾臭鼬，分布在智利南部、阿根廷。这些种类栖息在各种地形中，但是更喜欢栖息在地势崎岖不平的地区；穴居在岩石缝和地洞中。**体型**：体长60厘米，体重1.5~2千克。**皮毛**：体色为黑色，背上有比较宽的白色条纹，尾巴为白色；与其他臭鼬不同的是头部没有白色条纹，口鼻部比较长且没有毛发。**繁殖**：2月份交配；怀孕期为60天；四五月份产崽，每胎2~4只。

臭鼬科的所有物种都非常善于挖洞和捕捉各种老鼠。昆虫和啮齿动物是它们的主食，有时它们也会吃一些地下的虫卵；蛙类、蝾螈、蛇类和各种鸟卵是臭鼬喜爱的食物，有时它们还会"光顾"腐肉和人类丢弃的垃圾。臭鼬捕食猎物主要靠听觉和嗅觉，它们的视力很差，3米外的一些细微物就看不清楚了。在北方高纬度地区，臭鼬是要冬眠的，因此，在夏末和整个秋季，必须要吃大量的食物，在体内储存足量的脂肪，以备冬眠和春天抚育幼崽之用。

● **妈妈单独照料宝宝**

臭鼬在它们生命的大部分时间

↗ 臭鼬广泛分布在北美洲墨西哥以北的广大地区，它们眼睛小，耳短而圆，四肢短，尾巴长有浓密的皮毛并似刷状，看起来非常可爱。在加拿大和美国，臭鼬甚至被当作宠物驯养。

里都是独自生活的。在北方地区的冬季，可能有很多只臭鼬共同栖身于一个洞穴中，有时可以达到20只。有代表性的是，一只成年雄性与几只成年雌性共同栖居于一个洞穴中，时间可能长达6个月。母臭鼬一般在晚春分娩，分娩之后栖居于一起的成年臭鼬又重新单独生活。将要进入3月份的时候，母臭鼬就要开始准备分娩和哺育幼崽的洞穴。普通臭鼬通常在5月中旬分娩，一直到6月末，幼崽都要靠母臭鼬照料。到8月份，幼崽在体型上就能达到成年的状态，然后开始离开母臭鼬，各自过独立的生活。雌性臭鼬大多数年限里占有的领地为2～4平方千米，而且大部分领地与其他雌性的重合；雄性臭鼬的领地则要大很多，可以超过20平方千米，而且也与其他雄性的重合。一般来说，雄性是不负责照料幼崽的，而且可能还会杀死幼崽，因此，母臭鼬都会警惕地保护幼崽所在的洞穴，严防雄性臭鼬进入。

倭狐猴和鼠狐猴

> 这个科（鼠狐猴科）的成员保留了许多原始的特征，因此是我们研究远古灵长类最好的活标本。同时，有数个种类还在生理上发展出了专门的适应性，使得它们能够在寒冷而干燥的季节休眠好几个月。

鼠狐猴科包括了已知的最小灵长类动物小鼠狐猴，其体重只有30克，只比家鼠重一点，是20世纪90年代发现的6个新种类之一，其中好几个新种类的活动范围都极小，而且在人们对它们的生物特性进行初步了解之前，它已经面临灭绝的危险了。

● 冬眠的夜行者

鼠狐猴和倭狐猴是马达加斯加最小的灵长类动物。它们的身体比较长，前肢和腿比较短，用四足奔跑和跳跃。它们的头比较小，眼睛突出，口鼻部很湿润，而且（大部分种类）有很大的、毛发稀疏的耳朵。尾巴很长，而且能够用来储藏脂肪。所有种类都生活在乔木、灌木丛和藤蔓植物之中。大鼠狐猴和鼠狐猴也会在地面短暂地停留，除了吃果实以外，也在树叶堆中捕捉小动物以补充营养。所有的倭狐猴和鼠狐猴都只在晚上活动，因为像许多夜行哺乳动物一样，它们眼睛的视网膜后面有一层反光的晶体组织，可以改善视力。

鼠狐猴和倭狐猴在灵长类动物当中有着独有的特征，它们在不利的气候条件下会花数天、数周或数月进行蛰伏或冬眠。为了尽量节省能量，它们会极大地降低新陈代谢速率，并将体温降到接近周围环境的温度（低到15℃）。为了做长期不活动的准备，冬眠的种类会在食物丰富而温暖的季节将体重增加一倍。奇怪的是，对于灰鼠狐猴来说只有雌性冬眠，而雄性在整个干燥季节都会保持活跃状态。另一方面，大鼠狐猴和叉冠狐猴则全年都活动。

所有的倭狐猴和鼠狐猴都发育很快，雌性在出生第一年就达到了性成熟。除了叉冠狐猴以外，这个科的所有成员都是一窝产2~4只幼崽，它们的怀孕期约2~3个月，幼崽出生的时候发育程度很低。新生幼崽刚开始会被放在像树洞这样的安全地点。那些冬眠种类的雌性甚至在为即将到来的干燥季节储备脂肪的时候，也会分泌

知识档案

倭狐猴和鼠狐猴

目 灵长目
科 鼠狐猴科
有5（或4）个属，13（或9）种：鼠狐猴有4种；倭狐猴有5种。

分布 马达加斯加。

栖息地 整个马达加斯加岛，包括东部雨林，西部干燥的落叶林，以及南部的针叶林。

体型 体长从小鼠狐猴的9~11厘米到叉斑鼠狐猴的22~30厘米；以上两种的体重从24~38克到350~500克。其他种类在两者之间。

皮毛 毛短而密；上部几乎为棕灰色，下部为白色到乳白色，不同种类颜色不一样。

食性 大部分是食果动物，鼠狐猴和叉斑鼠狐猴也吃树脂和树液，鼠狐猴还吃小型无脊椎动物，科氏倭狐猴吃小型爬虫和其他脊椎动物。

繁殖 怀孕期为2~3个月，一胎生2~4崽。叉斑鼠狐猴一胎生1崽。

寿命 在野外几乎不超过5年（人工圈养的可以超过10年）。

乳汁。一般而言，雌性体型往往比雄性大，但在一年的不同时期，这种性别二态性是会变化的。在一些实行混交体系的种类中，如大鼠狐猴和鼠狐猴，雄性有着相对于自身体型来说很大的睾丸，一个睾丸在体积和重量上就超过了大脑！

● **复杂的环境网络**

这个科的成员分布在马达加斯加所有类型的森林栖息地内。科氏倭狐猴仅生活在西部的干燥落叶林，而毛耳倭狐猴仅生活在东部沿海的雨林，不过这个科的其他属在两种栖息地都有分布。其中的某些种类，特别是鼠狐猴，能够很好地适应被人类改造的森林，而且也在种植园和人类定居地附近出现。在大部分森林，这个科的2种或3种会一起出现；在马达加斯加的中西部，有3个属的5种共享同一片栖息地。

鼠狐猴和倭狐猴进化出了几种不同的进食策略。鼠狐猴的食物范围最广泛，它们吃水果、节肢动物以及树脂；不过叉斑鼠狐猴只吃树脂，它有着长长的舌头和专门化的牙齿，这些牙齿可以在树干上凿洞以使树液流出来。粗尾倭狐猴更偏爱水果，这些水果在它们每年的活跃期都是很充足的。科氏倭狐猴也吃水果，不过它们活跃期的大部分时间都是在寻找动物性猎物，其中包括节肢动物和小型脊椎动物，如蛇和变色龙等；在干燥季节它们也吃同翅类昆虫幼虫的含糖分泌物。这个科的所有成员都吃花和花蜜，因此扮演了一些植物种类的传粉者的角色。

不同种类利用栖息地的方式也明显不同。例如叉斑鼠狐猴主要在森林顶部活动，而鼠狐猴倾向于利用森林的最底层。不同种类的日间休息地变化也很大，倭狐猴和鼠狐猴会为得到适合长期蛰伏的树洞而竞争。科氏倭狐猴会在森林的顶篷建造球形的树叶巢，而这些巢有可能会被叉斑鼠狐猴抢占。

由于比较小的体型和比较高的种群密度，鼠狐猴和倭狐猴是好几种掠食者重要的猎物，仅夜行猛禽（如猫头鹰）每年就能够杀死30%的鼠狐猴。当地的灵猫、獴类以及大型蛇类也以这些小型的狐猴为食。

● 避免在夜间相遇

尽管倭狐猴和鼠狐猴有着相似的生活史和许多相同的习性，却进化出了不同的社会系统。它们的多数活动都是单独进行的，这根源于一些高级的社会复杂属性。树脂和动物猎物一次只能供一只鼠狐猴或倭狐猴食用等特性，使得单独觅食成为必然。在一些进行了比较充分研究的独居种类，如小鼠狐猴和科氏倭狐猴中，雌性占有稳定的活动区域，这些区域与近亲有所重叠；像很多哺乳动物一样，雄性的活动区域往往比雌性的大，特别是在繁殖季节。在夜间，为了和邻居协调行动，它们会使用各种各样的声音和嗅觉信号，包括超声波。直接的相遇在夜间并不频繁，但是相遇的时候它们或者相互追逐、相互梳理毛发，或者互相视而不见。在叉斑鼠狐猴和粗尾倭狐猴当中，配对的雌雄个体会分别保卫自己的领地，它们通过壮观的"二重奏"和粪便来表明自己的存在。

在白天，鼠狐猴和倭狐猴会建造自己的巢，或者利用树洞和其他庇

↗ 花蜜是倭狐猴和鼠狐猴食物的重要组成部分。当它们从附生在树枝上的兰花上觅食时，花粉会粘在它们厚厚的皮毛上面，于是当它们从一朵花到另一朵花时，能够帮助传粉。

护所进行休息。这些庇护所的使用方式能体现它们额外的社会复杂性。例如科氏倭狐猴的成年个体一般单独睡觉,不过偶尔也能见到一对雌性一起睡觉。另一方面,粗尾倭狐猴和叉斑鼠狐猴会和异性同伴一起休息,这种雌雄配对会形成稳定的联结。再进一步比较的话,灰鼠狐猴和其他鼠狐猴通常在包括雌性和雄性的更大群体中睡觉,曾经观察到超过15只共享一个树洞的情况,不过2~5只的群体最常见。这些不同的社会组织方式能够在何种程度上反映其交配体系,现在还所知甚少,但是混杂的交配方式似乎很常见,甚至在成对生活的种类中也有混交的方式。

狐猴的"方言"

世界各地的人都说方言,这些方言不仅反映了地区和社会背景,而且常常对社会接纳产生影响。长期以来,有研究表明像蜜蜂、蛙类、鸟类和哺乳动物这些多样性的动物也会使用"方言",不过对这些发现还有争议。然而,现在地球上最小的灵长类——马达加斯加鼠狐猴就在使用"方言"。

灰鼠狐猴栖息在马达加斯加西部的落叶林里,它们聚集在森林中适合生活的场所,如安全的树洞里。长期的捕获、放生和再捕获,无线电的追踪数据,再加上用8个微随体标签来确定的161只灰鼠狐猴的基因型,这一切都表明在一片森林的一个种群有可能是由分散的邻居联络而构成的,一个小群约有35只。年轻的雌性似乎和母亲待在一起,或者很靠近母亲,而年轻的雄性会向别处迁移。

在这种分散的社会当中,个体会使用一系列种类丰富的不同声音进行社会互动。像其他社会性动物一样,鼠狐猴的叫声揭示了关于个体性别和身份的信息。但是不仅个体的叫声不一样,各个相邻的群体之间也通过不同的方言进行交流。

在繁殖季节,处于繁殖活跃期的雄性会发出一种颤抖的叫声进行交配性的展示,而这种叫声是所有叫声当中最复杂的。这种叫声频率在13~35千赫之间,持续0.3~0.9秒,由一组有序的音节序列组成,而这是一种宽波段的被调整过的音节,像鸟的歌声一般。这种叫声大约1分钟重复1.5次,具体次数取决于发声者的动力以及雌性和与之竞争的雄性反应的积极程度。同一地点的雄性会发出与其他个体不同的颤声,这种叫声总体上是同一种旋律的,不过不同群体的旋律不同。

此外,这些狐猴似乎也有意识地保持这种"方言"上的差异。实验室的研究表明,年幼的雄性在玩耍的时候会试图制造十分多变的颤声,不过当它们达到性成熟以后,这种叫声就会固定下来,相对于非同伴的个体来说,这种声音与同伴的叫声更相似。从出生地搬迁到新地点的雄性还会改变它们的叫声,使之与其邻居的叫声更加接近。

一个棘手的问题就是,"方言"究竟为什么而存在?一种来自社会生物学的答案认为,迁移到新环境的个体如果表现出一种开放的发声系统的话,它有可能受到本地个体比较少的攻击和比较多的接纳。如果是那样的话,人类和其他灵长类的方言可能有一种相似的生物性功能。

丛猴、懒猴和树熊猴

丛猴（也叫做婴猴）、懒猴和树熊猴都是夜行动物。它们和狐猴很像，与狐猴拥有共同的祖先，但活动方式不同，因为它们的生存环境已经被非洲及亚洲大陆的猴类和猿类占据了。

除了在夜间活动以外，该组的所有成员体型都比较小，它们栖息在树上，单独觅食。虽然保留了一些与最早的灵长类相似的特征，它们却不"原始"，因为拥有很多高度专门化和进化了的特征。

● **雌雄难辨**

懒猴总科（丛猴科和懒猴科）的所有成员除了双脚的第二趾长有用来梳毛用的"梳爪"以外，其余的指（趾）都有指（趾）甲。和直鼻猴亚目不一样，懒猴总科成员的拇指都不具有真正的对握能力，它们只能用整个前掌进行抓握。这意味着虽然它们能够握东西，但是它们不能用拇指分别接触到同一只前掌的其他指头。真正的对握能力对于涉及精细操作的任务很重要，比如处理食物。

懒猴总科和一些最早的卷鼻猴类相似，它们下颌的门齿和像门齿的犬齿是向前突出的，形成一种像齿梳一样的排列方式，这些牙在梳毛、攫取昆虫或树脂的时候发挥了重要作用。它们舌头的腹面有一种由软骨构成的"刷子"（下舌），其顶端能够清除齿梳上面牙齿之间的杂物。

想要区分出懒猴总科动物的性别是一件很困难的事情，因为雌性拥有一个很大的、发育良好的阴蒂，这通常会被误认为是阴茎。特别容易混淆的是接近成年的雄性，因为它们可能没有明显的阴囊。所有懒猴总科雄性的阴茎都有一根加长的阴茎骨，这种结构形成了一种类似"锁和钥匙"

↗ 塞内加尔丛猴（或称小丛猴）拥有像蝙蝠一样的耳朵，可以用来追踪黑暗中移动的昆虫。它们也能够在昆虫飞过时抓住它们。

知识档案

丛猴、懒猴和树熊猴

目 灵长目

科 丛猴科和懒猴科

丛猴科，3（或4）个属，17（或11）种；懒猴科，包括懒猴和树熊猴，有5（或4）个属，7（或6）种。

分布 非洲、印度南部、斯里兰卡和亚洲东南部的温暖地区。

栖息地 各种各样的树栖环境，从热带大草原的林地、灌木丛到干燥森林、沿海森林再到雨林，包括种植园和混合的农作物小树林。

体型 体长从回旋曲丛猴的10.7厘米到粗尾丛猴的30.7厘米；尾长从18.4厘米到42厘米；体重从60克到1130克。

皮毛 身体覆盖有厚厚的皮毛，有各种各样的灰色或略带红棕色的阴影。丛猴的身体比懒猴和树熊猴更纤细，它的前肢和后腿更长，尾巴非常长，上面有浓密的毛。

食性 吃果实、树脂、花蜜、昆虫、蛋以及各种各样的小型猎物，包括鸟类、蝙蝠及啮齿类动物。一些种类的丛猴主要依靠树脂生活，而金熊猴主要吃毛虫。

繁殖 怀孕期从111天（德氏丛猴）到197天（树熊猴）不等。

寿命 最长为26年（树熊猴）。

的系统，可以使交配的双方结合得更久，因此增加了交配成功的概率。丛猴的阴茎骨的多样性足以使之区别于其他种类，也可以防止不同种类之间的杂交。在懒猴科中，金熊猴龟头上的脊骨很大，但是树熊猴、懒猴、瘦长懒猴和小懒猴的脊骨退化成了角质板或乳头状突起。在灵长类动物中，龟头上的脊骨则一般与交配体系有关系：在非群居的交配体系中，脊骨一般都较长、较复杂，而在"一雄一雌"和"一雄多雌"的体系当中，脊骨一般较短、较简单。对于一些丛猴种类来说，它们会进行"交配追逐"，这个时候数只雄性会追逐一只处于发情期的雌性，而这只雌性会和多只雄性交配。对于第一只交配的雄性来说，脊骨提供了明显的选择优势，可以延长交配时间，因此它的精子也就处于了领先地位。对于雌性来说，它们的大阴唇很大，看起来像阴囊一样，而且在发情周期内阴部的表皮会加厚、变硬。

● 跳跃专家和爬行专家

从行动和一般体型上看，懒猴总科可以分为两组：跳跃的丛猴以及慢速移动、爬行的懒猴和树熊猴。懒猴和树熊猴的四肢几乎等长，而且它们的尾巴极短，或者说退化了。它们用四足行动，沿着树枝攀爬或行走，在树枝末端从一棵树爬到另一棵树。金熊猴专门生活在有倒下的树的森林里，它们会沿着森林的地面行走，不过其他懒猴和树熊猴决不会离开树顶。为了保证在高空的安全，它们有极强的抓握能力，至少可以保持抓握一整天。这种能力是通过手腕和脚踝处的一种专门化的血管排列实现的，这种血管排列叫做迷网，可以保持必需的氧气和营养的供给，以及清除可以导致肌肉抽筋和损害的代谢产物（例如乳酸）。

在灵长类中，不同运动模式以及前肢和后肢的相对长度之间存在一种清楚的关系。灵长类大部分都是四足行走，四肢差不多一样长，具有这种特征的也有懒猴科的动物，如树熊猴和瘦长懒猴。与之相比，丛猴是跳跃专家，它们的后肢比前肢长，也有比身体长1.2~1.8倍的毛茸茸的尾巴。塞内加尔丛猴有着非常长的后腿，可以推动它跳5米远，它的尾巴长达30.3厘米，起平衡装置的作用。懒猴总科的成员常常将尿撒在它们的前掌和后足上，有许多理论解释这种行为，如认为是调节温度和做气味标记，但最可信的一种解释是这会增加抓握力。

像狐猴一样，懒猴总科的成员保留了它们祖先的很强的嗅觉能力。为了增强这种能力，它们拥有延长的口鼻部，鼻孔周围有一片湿润的、有腺体存在的裸露皮肤（外鼻膜）。在鼻腔内有筛鼻甲骨，这种骨头上面覆盖着鼻表皮细胞，这些细胞比直鼻猴的更加发达，数量也更多。

懒猴总科成员的眼睛都很大，这可以增强其夜间的视力。在它们眼睛后面的视网膜和脉络膜之间有一层晶体层，能够反射通过视网膜的光线，

↗ 虽然懒猴通常在树枝上以相对安静的步伐行动，但它们在捕猎时速度极快，能够一下子冲上去用双手逮住猎物。

↗ 一般来说，夜行的树熊猴待在高高的树顶，极少下降到10米以下，比如图中这只来自刚果的年轻树熊猴。它们的食物主要是果实，不过也吃昆虫和一些小型脊椎动物，如鸟类。年轻的雄性树熊猴在6个月大时会离开母亲的活动区域。在树熊猴的肩胛骨之间有一种骨头，可以形成保护后颈的"盾"。

增加感光细胞受到的刺激，因此增强了低光线条件下的视力。与大多数能够通过颜色识别成熟果实的昼行灵长类相比，这些夜行的种类只有少许或没有颜色视觉，因为它们视网膜上视锥细胞和杆状感光细胞的比例很低。树熊猴和懒猴的耳郭相对比较小，而丛猴的很大，而且它的两个耳郭可以独自活动，并能放平以避免受伤。它们的触觉集中在前掌和脚掌的肉垫上面，里面含有对触觉敏感的触觉接收器，这些接收器位于指纹脊以及头部、脚踝和手腕上的触须之上，是灵长类独有的。

• 不怕毒食

懒猴总科的所有成员都食用动物蛋白，这些动物蛋白来自于无脊椎动物或者脊椎动物。丛猴通常在用视觉定位之前先用声音探测昆虫的位置，并能够用前掌捕获飞行中的昆虫，而在抓获昆虫的同时用脚抓住树枝。更小的丛猴倾向于食用更大比例的动物蛋白（德氏丛猴的比例是70%，加氏丛猴是50%）。无脊椎动物的能量价值很高，所以大部分懒猴总科种类在能够选择食物的情况下都优先选择无脊椎动物。然而，成年体重超过350克的大型种类很难收集到足够的无脊椎动物猎物，因此它们以数量充足的水果作为食物的补充。食用脊椎动物猎物的情况一般比较少，不过也有一些种类吃小鸟和小型的爬行动物。

懒猴总科的成员有两种特别的进食习性：它们能吃味道很差的或有毒的无脊椎动物，以及树脂。它们依靠气味来探测慢速移动或静止的昆虫，甚至会吞下毛上有毒或具有刺激性气味的千足虫和毛虫。金熊猴是这样处理多毛的毛虫的：它用嘴咬住毛虫的头，然后用前掌将毛虫的毛擦掉。懒猴和树熊猴的新陈代谢速度很慢，这就为它们处理内脏里的有毒化学物质

↗ 丛猴是敏捷的跳跃者,有着长长的后肢和毛茸茸的尾巴,跳跃时尾巴可以保持平衡,如粗尾丛猴(图1)和德氏丛猴(图2)。针爪丛猴(此处为北针爪丛猴)除了大拇指和大脚趾以外,其余的指(趾)端都有针尖一样的指(趾)甲(图3),可以帮助它们稳稳地抓在树上。瘦长懒猴(图4)有着特别灵活的髋关节,适合攀爬;其余的种类分别为:5.懒猴;6.树熊猴;7.金熊猴。

提供了充足的时间。也许最专门化的树脂食用者要算南针爪丛猴了，它们的食物中75%是树脂；莫氏丛猴和塞内加尔丛猴也吃相当数量的树脂（达到食物总量的50%）。树脂含有只能通过内脏里的细菌发酵才能消化的长链糖，因此懒猴总科中食用树脂的动物拥有扩大的盲肠（一种连接大肠的有发酵细菌共生的膨胀的肠）。对于南针爪丛猴来说，它们的盲肠比根据其体型预测的大5倍。

● **分散的觅食者群落**

在夜间，懒猴总科的动物在相当长时间内都是单独行动的，不过在觅食的时候，它们会与在共同活动范围内的同类频繁地相遇。在相遇的时候，两只猴有时会相互触碰、相互梳毛，或者相互传递姿态信号。不过，它们主要是通过气味和声音交流。丛猴和懒猴科成员都有各种各样的有腺体功能的皮肤，这些皮肤要么位于下巴下方，要么位于前肘内侧，或者位于胸部，或者在生殖器周围。来自这些腺体的分泌物，再加上排泄物的气味，都被用来标记领地、涂抹身体以及为异性成员做气味标记。对于懒猴和树熊猴来说，叫声主要用于母猴和幼崽的交流，以及表示警告或挑衅。

对于更多依靠发声交流的丛猴来说，每种丛猴都能够发出10种或更多

种响亮的叫声。有许多叫声很复杂，但也有简单的和重复性的。这些叫声与吸引配偶、抗击对手和表示警告有关。这些叫声的频率和节奏变化不一，可以被组合或分类以标明呼叫者的情绪。据发现，某些丛猴的叫声具有种类特定性，因此对这些叫声的分析的确是探索种类多样性和发现新种类的一种有用的工具。

夜行的丛猴、懒猴和树熊猴可以被笼统地描述为单独觅食者，它们生活在具有复杂社会性但很分散的群落里。许多种类的个体，包括树熊猴，都是白天单独睡觉。在其他种类中，包括许多种丛猴，雄性是单独睡觉，而雌性和幼崽可在最多10只的群体中睡觉；在少许种类当中（例如桑给巴尔倭丛猴），睡觉的群体可能包括两种性别。个体在活动范围内有多个睡觉场所，这些场所或者是依靠浓密的、缠结的植物隐蔽的树枝，或者是平坦的树叶巢，或者是由德氏丛猴建造的复杂的球形树叶巢。

● **"一雄多雌"制的生活**

大部分种类的丛猴都生活在"一雄多雌制"的社会系统当中，只要生活地点合适，它们就可以生活在重叠的活动区域内。通常来说，雄性的活动范围更大，而占据统治地位的雄性和成年雌性会将它们的同性排斥在活

动区域之外。一只占统治地位的雄性会与数只成年雌性和它们的未成年雌性后代（形成一支母系）在领地上有一定的重叠。不繁殖的未成年雄性也能够被容忍而待在雄性统治者的领地内。在交配的时候，领地系统有可能会瓦解。在某些种类中，交配和分娩在一年中任何时候都可能发生，而在另一些种类中，根据气候的不同，它们的交配和分娩显示出了一定的季节性模式，一年发生1~2次。例如，瘦长懒猴在4~5月和10~11月交配。

懒猴总科的成员相对于它们的体型来说是长寿的，艾氏丛猴能够活到12岁，树熊猴能够活到26岁。它们同样有很长的孕期，从德氏丛猴的111天到树熊猴的191天不等。大部分母猴一胎只生1崽，偶尔生双胞胎，只有粗尾丛猴有可能一胎生3崽。它们通常一年只生1胎，但一些种类能生2胎。为了将幼崽从一个巢移到另一个巢，母猴会用嘴衔着幼崽的侧身毛发来携带它，幼崽也可以选择抱住母猴。丛猴的断奶期为53~140天，不过懒猴科成员的时间更长：从金熊猴的115天到懒猴和树熊猴的6个月。雌性后代在具有生殖能力和建立自己领地之前通常待在母猴的领地之中，而雄性在达到青春期后就离开出生的地区，去建立自己的领地。

↗ 这是一只粗尾丛猴。据说这种丛猴发出的响亮叫声就像小孩喊叫一样。

卷尾猴类

> 卷尾猴科包括了新大陆猴类中唯一的夜行猴类,还包括了世界上除人类以外某些最聪明的灵长类动物,另外该科还包括唯一的尾巴可以盘卷的灵长类动物。

卷尾猴科所包含的种类数量极多。一部分卷尾猴类只出现在小片被隔离的山区(如黄尾绒毛猴)或单个的小岛(如科伊巴岛吼猴),而其他猴类则覆盖了南美洲的整个热带地区(例如夜猴和褐卷尾猴)。它们的社会组织形式从严格的"一雄一雌制"到巨大的"一雄多雌制"群体都有。尽管它们生活的范围十分广阔,但卷尾猴类还是拥有一些共同的特征,如都有宽阔的鼻子,颊囊缺失,这些都将它们和其他灵长类动物区分开。

● 树顶的"居民"

卷尾猴类主要分布于热带和亚热带的常绿林,不过某些种类也适应了海拔达到3000米的地区和具有明显干燥季节的森林。它们几乎全都生活在树上,不过某些种类会到地面玩耍(如白额卷尾猴)、寻找食物,或者在林地之间穿行。与旧大陆灵长类不同的是,没有一种卷尾猴类显示出适应地面生活的明显特质。

所有经过测试的卷尾猴类都有一定程度的颜色视觉,而且通常还挺敏锐,不过对光谱的红光末端感受性很差。对于卷尾猴类来说,它们颜色视觉的遗传构造和旧大陆猴类的相当不同,而且奇怪的是,某些种类中的雄性全是色盲,但雌性中只有一小部分

↗ 一只雌性黑金吼猴。这是少数几个毛皮颜色具有性别二态性的种类之一,雌性一般拥有浅黄色的皮毛,而雄性全身都是黑色的。

是这样。

像松鼠猴这样靠跳跃行动的种类与攀爬的种类（例如吼猴）相比，其大腿比小腿更短，这使它们在跳跃中能使出更大的力量。其他一些种类如蜘蛛猴，依靠在树枝下方交替摆荡双臂行进，因此拥有相对比较长的手臂和额外灵活的肩关节。比较大的卷尾猴类拥有十分灵活的、可盘卷的尾巴，这尾巴可以说是卷尾猴的第5肢，可以用来抓住树枝以保证安全，在树梢进食时还可用其挂在树上。

● 激烈的食物竞争

每一种卷尾猴类的食物种类都会符合其解剖学特性，并受其上下颌、牙齿和肠道形态方面特性的限制。吃树叶的长毛吼猴有着相对宽而平的牙齿，十分长的下颌骨，以及相对很长的肠道（占到了身体体积的1/3），这是因为它们必须消化大量的植物。吃昆虫的松鼠猴有着尖而窄的牙齿，肠道也短而简单。

卷尾猴类也会利用一些行为来扩大它们能吃的食物种类。像狐尾猴一样，卷尾猴吃非常坚硬的种子，但却不能用牙齿将其咬开，于是它们会将这些种子互相敲击来破开外壳。一些依靠稀有的大水果树觅食的种类，如蜘蛛猴，有着卓越的空间记忆力，能够从任何地点直接走到最近的水果

知识档案

卷尾猴类
目 灵长目
科 卷尾猴科
11属，47（或58）种：夜猴——夜猴属，有2（或10）种；伶猴——伶猴属，有13种；松鼠猴——松鼠猴属，有4（或5）种；卷尾猴——卷尾猴属，有4种；狐尾猴——狐尾猴属，有5种；丛尾猴——丛尾猴属，有2种；秃猴——秃猴属，有2种；吼猴——吼猴属，有6（或8）种；蜘蛛猴——蜘蛛猴属，有6种；绒毛猴——绒毛猴属，有2种；绒毛蜘蛛猴。

分布 墨西哥向南到巴拉圭、阿根廷北部、巴西南部。

栖息地 主要在热带和亚热带常绿林，从海平面到1 000米高度都有分布。

体型 体长从雄性蜘蛛猴的25~37厘米到绒毛蜘蛛猴的46~63厘米；尾长从37~45厘米到65~74厘米；体重从0.6~1.1千克到12千克甚至更多。雄性通常比雌性大，但是也有例外。

皮毛 白色、黄色、红色到棕色、黑色；图案主要集中在头部周围。

食性 吃果实、种子、树叶、昆虫，偶尔吃小型哺乳动物。

繁殖 怀孕期约120~225天。

寿命 大部分种类的最大年龄为12~25岁。

觅食地。吃树叶的种类，其中包括吼猴，会下到地面来吃一种黏土，这似乎有助于中和许多热带树叶中带有的有毒化合物。

不同的卷尾猴类在生态学方面的显著差异与体型有密切关系。最小最轻的种类能够最容易地在树枝间跳

了不起的动物世界 <<< LIAOBUQI DE DONGWU SHIJIE

卷尾猴类的代表物种，展示了它们在树上的运动方式。对于大部分种类来说，雄性体型要比雌性稍大；在少数几个种类当中，异性之间有皮毛颜色的差异。1.圭亚那狐尾猴，其雄性的头顶有一块毛发为浅黄色；2.红秃猴；3和4.暗黑伶猴和松鼠猴，两者都是靠跳跃行动，尾巴可以盘卷；5.褐卷尾猴；6.黑金吼猴，和其他大型卷尾猴一样，它的尾巴可以盘卷，尾巴尖端的皮肤是裸露的，可以更好地抓握；7.黑掌蜘蛛猴，其尾巴可以用来捡取小物品，如食物；8.洪氏绒毛猴或普通绒毛猴。

跃，它们不会有受伤的危险，因此也没有可以盘卷的尾巴。小型的种类也不可避免地拥有比较小的上下颌，这就限制了它们可以吃的果实的大小和硬度。小的体型同时意味着有相对比较快的代谢速度，因此它们对昆虫和成熟果实这样富含能量和蛋白质的稀有食物有更高的需求。最后，小型卷尾猴类比较简单的肠道和比较短的消化时间对于容易消化的食物来说是够用了，但是却不能消化像成熟树叶这样的食物。当然，体型比较大的种类有着相应的优点和缺点：更高的从树上掉落的危险，强有力的颌，相对比较低的能量需求，以及比较长的消化时间。

虽然卷尾猴类和许多非灵长类竞争者共存，但是不同种类间的竞争更直接。多达5种卷尾猴类依赖一种树为食的情况十分普遍，它们甚至会在同一棵树上觅食，这个时候身体冲突的结果决定了谁拥有优先权。通常最小或不太灵活的种类会受到驱逐，这可能是它们形成专门化的生活方式的原因。例如，伶猴能够吃未熟的果实，因为果实熟了以后就会被更大的猴类吃掉；夜猴在晚上觅食，因为在白天它们觅食的树是由更大的猴类统治的。松鼠猴依靠数量来寻求安全，这个数量对于生活在小群体中但体型更大的猴类来说是如此之大，以至于小群体的成员常会从树上被驱赶出去。

也许是出于不同种类之间的觅食竞争，即使是体型更大的卷尾猴类也显示出了许多相当明显的生态学特征。丛尾猴专门打开果实内的种子，而与其他中等体型猴类拥有相似食物的秃猴只生活在有限的栖息地——洪水沼泽森林里，因为在那里没有其他种类的卷尾猴类；吼猴则是唯一能够纯依靠树叶存活相当长时间的种类。

同一个属中的不同种类似乎竞争更激烈，因为它们在解剖学和生态学特征方面更相似。如褐卷尾猴和其他卷尾猴之间有活动范围的重叠，对于这些共同存在而不是单独生活的种类来说，如果它们吃的食物越不相似，它们的食物竞争就会越小。

有越来越多的证据表明，一些种

褐卷尾猴的社会级别

当一群褐卷尾猴分散觅食的时候，我们可以预知每一只猴子会在觅食的时候占据哪个位置，每一个个体的位置又决定了食物缺乏时期其觅食的成功与否。如果对获取食物的树有争议，几乎总是占统治地位的雄性和它容忍的个体首先进食，它们进食的时间也最长。下属必须一直等待，直到统治者及其随从离开。

觅食群体中的所有成员都试图靠近食物并回避掠食者。位于群体中央的个体通常最安全，因为它的邻居会去注意是否有掠食者，而且这些邻居也会使中央的个体不会受到直接的攻击。然而，处于群体的前沿是最利于获取食物的，因为它们最容易发现新的食物源。最有利的位置是恰好处于前沿的后面，因为该位置能够窃取在前面侦察的8～12个成员的发现成果。这是群体统治者喜欢的位置，因为它是群体当中唯一能够靠索取，而不是靠自己寻找来获得更多食物的成员。

群体的其他成员会机警地注意雄性统治者并相应地调整自己的位置。统治者对于幼患和幼猴具有相当的容忍性，因为这些幼猴几乎都是它的后代，因而这些幼猴会跟着它，处于群体的中央靠后位置。统治者所能容忍的雌性以及它的后代通常处于前沿，它们获得食物的机会最好，但同时也处于掠食者的直接威胁之下。统治者所不能容忍的雌性和雄性则处于群体的外围，它们可能处于拖后位置，甚至更远。它们的这种选择可能是为了避免被侵犯，即使这意味着它们要花更多的时间寻找食物，而且受到掠食者攻击的概率也更高。

类的卷尾猴类会将植物选择性地用于其他目的，而不是吃掉。有研究者发现，哥斯达黎加的白面狐尾猴（圭亚那狐尾猴）至少会将4个属的植物——柑橘属植物、铁线莲、胡椒属植物以及猴欢喜——用到皮肤上。前3种植物含有具有驱虫或其他医疗属性的次生化合物，整个新大陆的本地居民都将这些植物用做相似的用途。

● 基于觅食而形成的复杂社会

每一种卷尾猴类都有其独特的社会结构。大部分体重约0.7~1.5千克的小型卷尾猴类，如夜猴、伶猴和狐尾猴，都实行"一雄一雌制"，这种关系是靠"夫妇"间友好的互动以及朝向群体其他同性成员的主动攻击来保持的。在"一雄一雌制"的种类中，幼猴在下一胎幼崽出生后会再和亲代生活1~2年，所以我们可以看到最多有5只的群体。

在比较小的种类当中，松鼠猴是一个例外，它们通常生活在包括30~40个成员的大群体中，其中最多可以有12只处于繁殖期的雌性和数只成年雄性。松鼠猴在灵长类动物中算是不寻常的一类，它展示了多种多样的社会系统。比如说，雌性玻利维亚松鼠猴会留在出生的群体之中并与有血缘关系的个体保持密切的来往，而雌性红背松鼠猴会在成熟后进行迁移，它们相互之间与雄性很少进行友好的互动，对于普通松鼠猴的雌性来说，它们则几乎只和雄性来往。

所有的大型卷尾猴类（2~9千克）通常都生活在至少有5只的群体之中，而且或多或少是"一雄多雌制"的。对于种群密度低的吼猴和卷尾猴来说，一个小群体的雄性一般会占有1~3只雌性，而对于种群密度高的吼猴和卷尾猴来说，它们生活在有数只成年和未成年雄性的大群体（7~20只）之中。这种大型的多雄群体对于丛尾猴、秃猴、绒毛猴和绒毛蜘蛛猴来说很常见。蜘蛛猴社会群体的组成方式是变化的，每天群体之中都经常

↘ 这是一只生活在巴西雨林的黑秃猴。它和它的"亲戚"红秃猴是生活在新大陆的少数短尾灵长类动物。

有成员加入和离开，因此群体的大小和组成是不断变化的。

在这些大型种类中，雌性似乎更愿意和占统治地位的一只雄性或多只雄性交配，但是它们也会引诱并与居从属地位或接近成年的雄性交配。不过遗传学的分析表明，褐卷尾猴群内占统治地位的雄性几乎是所有后代的父亲，即使它的交配行为只占了总数的一半左右。相反地，对于绒毛猴和绒毛蜘蛛猴来说，成功的交配似乎与统治地位没有关系，雌性会和许多只雄性交配，因此交配的成功与否仅仅简单地取决于雄性精子的数量。实际上，在新大陆猴类当中，绒毛蜘蛛猴拥有相对于自身体型来说最大的睾丸。

群体的大小似乎很大程度上取决于食物的可得量和充足程度。大多数生活在小群体中的种类吃小而分散的食物，如昆虫和藤蔓上的小果实。大群体的种类通常吃多产但是稀疏、集中的食物，如大无花果树上的果实。这其中有一个例外就是夜猴，它生活在"一雄一雌制"的小群体之中，却在大型的、多产的果树上觅食。

某个种类的动物如何利用它的活动范围，也在很大程度上取决于它的食物资源分布。比如说，伶猴在小型的、食物分散的树上觅食，它们每天都会很一致地寻找树上的每一个部分。玻利维亚松鼠猴和白额卷尾猴依

↗ 雄性圭亚那狐尾猴是不可能被认错的，因为它们有白色的面部斑纹。像许多其他新大陆猴类一样，圭亚那狐尾猴实行"一雄一雌制"或生活在小型家庭群体当中。

靠大型的、果实集中的果树生活，它们的大群体就会以一种不一致的方式行动，它们会将大部分的时间花在一小丛植物之中，直到那里的果实被耗尽后，才继续寻找新的资源。

这种活动范围的使用模式也影响了同种动物的相邻群体之间的互动方式。那些以一致的方式开发资源的种类通常都是地盘防卫性的，它们会在黎明时用响亮的叫声来防卫它们的领地，像伶猴和吼猴就是这样。在另一个极端，玻利维亚松鼠猴的不同群体的地盘似乎会完全重叠，它们通常不会显示出明显的相互攻击性，即使在同一棵果树上觅食的时候。

不管群体之间的食物竞争程度如何，同一群体内的成员之间的食物竞争通常都是很激烈的。生活在群体当

↗ 一只带着幼崽的雌性松鼠猴。雄性松鼠猴不会去养育幼崽，但是其他的雌性"伙伴"会在母猴出去觅食的时候帮助照看幼崽。自己没有幼崽的雌性最有能力帮助其他母猴，而且它通常是该母猴前些年生下的后代。

中的褐卷尾猴经常为食物而争斗，那些不能赢得竞争的个体获得食物的成功概率会更小。在小果树上，或在食物缺乏的时候，争斗是最常见的。在这个时候，某些群体成员可能会选择单独或以更小的群体觅食。

不过，大群体通常也能获得一些额外补偿。比如说，在大群体当中的个体被捕食的可能性更小，因为搜寻捕食者的眼睛和耳朵越多，掠食者攻击成功的可能性就越低。在整个中美洲和南美洲都生活着各种各样的大型鹰和雕，其中某些种类专门吃猴子。在秘鲁的东南部，每一个卷尾猴类种群平均每2周就会被鹰攻击一次，而且它们每天都会受到多次不太严重的威胁。褐卷尾猴十分机警，它们即便在没有威胁的鸟类飞过的时候也会发出警报。

群体生活的其他优势还包括共同发现并保卫果树。虽然有很多种卷尾猴类都事先知道什么树会有果实以及这些树在哪里，但是它们食物的某些部分还是来自于偶尔发现的资源。不管是事先知道还是偶然发现，其他的成员都能够共享有关果树的信息，因此可以增加群体能够得到的食物量。至少有1个种类，如褐卷尾猴，它的群体成员会在发现丰富的食物源之后发出一种与众不同的响亮哨声。更大的卷尾猴类群体通常也能在争夺果树的战斗中获胜。

卷尾猴类中的雌雄关系偶尔是友好的，偶尔则是敌对的。雄性能够为雌性群体成员提供有用的帮助，因为它们更加警觉，而且经常在侦察并发现捕食者或其他猴群以后向成员们发出警报。在蜘蛛猴和某些松鼠猴当中，部分雄性会组成一个亚群体独立于雌性而行动，除非是在某只雌性即将交配的时候。

有几种卷尾猴类会主动地和其他种类的成员组成混合群体。现在已经有大量的这类稳定关联被记录了下来，尤其是松鼠猴和卷尾猴，松鼠猴和秃猴，甚至是卷尾猴和蜘蛛猴之间的关联。虽然混合群体的双方被捕食的危险都会因此而减小，但在秘鲁和巴拿马的研究表明这种好处通常是偏向其中一方的。比如说，几乎总是松鼠猴加入到卷尾猴的群体之中，而卷尾猴通常决定这个联合群体的行动方向。因为卷尾猴的活动范围（1～2平方千米）远远小于松鼠猴（超过4平方千米），可能更擅长确定果树的位置。

某些社会行为即便不是所有卷尾猴类都具有，也是许多卷尾猴类所共有的。大部分种类的卷尾猴类都会向群体之中的其他成员，甚至是其他猴类和捕食者展示某种威胁行为。一种常用的姿态就是张嘴并露出犬齿。毫不奇怪的是，这种展示在伶猴和夜猴中并不存在，因为伶猴的犬齿十分小，而夜猴只在晚上打斗。伴随着这种张嘴的展示，这些猴子通常还会摇晃附近的树枝或者试图折断它。

卷尾猴类展现出来的最常见的友好行为就是梳毛了。在一般情况下，一只猴子会接近其他猴子并以某种特有的姿态躺在它身旁的树枝上，甚至直接躺在它的脚上。梳毛者通常梳理猴子自己够不着或看不见的区域。一只猴子一次只为"别人"梳理几分钟，然后就转而恳求同伴为它梳毛。这一对伙伴通常要互相交换梳理许多次，当一方拒绝再为它的同伴梳理的时候，这个梳毛过程也就停止了。

幼猴与成年猴的行为存在着许多方面的区别。幼猴的协调性明显还不够，而且它们也不太会在特定的场合做出适合的行为。似乎幼猴必须学会多种成年者的行为模式以后才能正确地表演。因为其食物供应是有保障的，所以幼猴大部分时间都在玩耍：或探索周围的环境，或互相打闹。

卷尾猴类还有许多方面有待研究。有许多的种类仅仅是通过博物馆的标本被人们认识的，关于如何将这个科划分为多个亚科的看法一直处于变化之中。最近来自DNA序列的证据表明，叶猴、松鼠猴和卷尾猴与狨科的关系可能比它们与其他卷尾猴类的关系更近。而长期的研究对于理解它们行为的可变性、个体的发育情况以及环境与行为的关系有着至关重要的作用。

疣猴和叶猴

> 疣猴亚科的成员尾巴都很长，它们栖息在树上，主要吃树叶。它们在解剖学上最独特的就是它们的胃，与其他的灵长类动物相比，它们的胃能更加有效地消化树叶。

疣猴亚科的成员多种多样，有鼻子很长、脸色苍白的长鼻猴，从解剖学上看它们应该生活在地面，但由于岛屿气候变化的限制，却生活在红树林和雨林之中；红腿白臀叶猴面部的皮肤像白云一样白，有形成环状的白色胡须，看上去就像穿上了灰、黑、红三色制服的唱诗班领唱；更加华丽的是有着白色长毛"斗篷"的黑疣猴；亚洲叶猴有着瘦削的脸庞、小巧的鼻子，这些特征正是它们被命名为"叶猴"的原因，而叶猴属的拉丁学名"Presbytis"在希腊语中是"老妇人"的意思。

● 正在进化的身体

旧大陆猴类（猴科）从解剖学上看基本上都是相似的，两个亚科之间只有极小的区别。疣猴亚科当中，疣猴和叶猴的区别在于有没有颊囊、唾液腺及复杂的囊状胃。疣猴的白齿具有锐利的尖端，在上颌内侧和下颌外侧的白齿比猕猴亚科的更为圆凸；下颌门齿内表面的珐琅质比较厚，下颌第二颗门齿的侧面有凸起；白齿与门齿相比稍稍有点突出。下门齿超出上门齿在疣猴中很常见，但在猕猴亚科中几乎不会出现这样的情况。

现存的大部分疣猴亚科动物都比猕猴瘦小。长鼻猴属和白臀叶猴属的一些种类是例外，它们当中包括了一些体形最大，但不一定最重的猴类。与其他的猴类相比，它们的前后肢长度更加一致，这表明，在进化史中，它们在陆地上生活的时间比较长。它们的拇指正在退化，在金丝猴和长鼻猴中基本已经没有痕迹了，而且这个过程仍然在其他的猴类中延续。对于疣猴属的成员来说，它们的拇指已经消失或者退化成为一个很小的小疙瘩了，有时这个小疙瘩上还有退化的指甲。由于该拇指容易在跳跃中受伤，所以它保留下来的好处还不如退化的好处大。该亚种雌性坐骨上的两块硬皮是分开的，而雄性则是连接的，但雄性疣猴和白臀叶猴除外，其硬皮是被一块毛皮隔开的。

不同属的疣猴新生幼崽的皮毛不同之处非常大，但是同一个属的疣猴幼崽皮毛却非常相似。它们的牙齿、内脏和一些外表的特征进一步证明了某些属的特殊性。从种的层次看，不同种的疣猴主要区别于皮毛的颜色，另外其声音和毛发类型也有所不同：如有些毛发是卷曲的，有些是直的，有些则是旋涡式或者兼而有之的。

● "大本营"在亚洲

与仅有2个属、11种的非洲相比，亚洲是疣猴亚科成员现存最大的"大本营"，这里生活着5个属、31种。然而从化石来看，疣猴亚科最大的分布地却是非洲，而两个最早的只有化石的属是在欧洲发现的。亚洲的种类主要分布在阿富汗和巴基斯坦交界处一直到小巽他群岛的龙目岛、苏拉威西岛和菲律宾。白臀叶猴属和长鼻猴属的成员栖息在中国南方、中南半岛东部、明打威群岛和婆罗洲，但奇怪的是，它们没有出现在马来半岛和苏门答腊岛。

现存的非洲种类主要分布在从冈比亚穿过几内亚和非洲中央森林一直到埃塞俄比亚这一片地区，也有一些偏僻的种群分布在非洲的东部地区，以及比奥科岛和桑给巴尔岛。婆罗洲是现在疣猴最大最集中的家园，那里

知识档案

疣猴和叶猴

目 灵长目
科 猴科

有7个属，42（或34）种：长鼻猴——长鼻猴属，有2种；金丝猴和白臀叶猴——白臀叶猴属，有6（或5）种；叶猴——叶猴属，有8种；长尾叶猴和乌叶猴——长尾叶猴属和乌叶猴属，共有15（或10）种；黑疣猴——疣猴属，有5（或4）种；绿疣猴——绿疣猴属，有6（或5）种。

分布 南亚和东南亚，非洲赤道附近。

栖息地 主要在森林里，也会出现在干燥的灌木丛、耕地和城市环境中。

体型 体长从哈努曼叶猴的41~78厘米到苍白绿疣猴的43~49厘米；尾长从前者的69~108厘米到后者的57~64厘米；体重从前者的5.4~23.6千克到后者的2.9~5.7千克，其他的种类在两者之间。

皮毛 不同种类之间差异很大，特别是头上是否有冠、"刘海"或涡旋。

食性 主要吃树叶、水果、花、芽、种子和嫩枝。有极少的种类会吃昆虫。

繁殖 怀孕期为140~220天，长短取决于不同的种类。

寿命 大约20年（人工圈养的大约29年）。

一共生活着6个种类，不过岛内同一个地区的种类不会超过5个。在中南半岛东北部及西非和中非，分别生活着3个种类。

● 构造独特的胃

疣猴亚科动物胃的一个重要特征就是胃的囊状上部与下部酸性的区

域分隔开了。上面胃室的环境是中性的，这对于可以使树叶发酵的厌氧型细菌很重要。它们的唾液腺很大，可能有助于中和下囊分泌的胃酸。由于食物的营养价值很低，所以疣猴亚科的胃适应了容纳大量的食物，胃中包含的食物可以占成年疣猴体重的1/4以上，而幼年疣猴的则要占到身体重量的一半以上。疣猴胃中的共生细菌能帮助疣猴更加有效地消化树叶，不仅可以通过分解纤维素释放能量，还能抑制毒素的分解，这就使疣猴类可以吃许多对于其他灵长类动物来说致命性的食物。在疣猴类体内还有一些细菌是负责回收尿素的，这就使哈努曼叶猴能像偶蹄目反刍动物一样生活在干旱的地方。

在土壤贫瘠的地区，树叶很难再生，所以某些植物会分泌毒素以防止被吃掉。在土壤质量比较好的森林，树叶含有丰富的营养并且容易消化，因此那里的疣猴类主要吃树叶，生活在乌干达基巴莱森林里的黑白疣猴和红绿疣猴就是这样的例子。在贫瘠的土地上，疣猴类不得不对食物进行挑选。比如生活在喀麦隆的黑疣猴以及印尼叶猴、婆罗洲红叶猴会用植物的其他部分和种子来代替普通的叶子。

与易受季节影响的果实相比，树叶和植物的其他部分更受旧大陆猴类的喜爱，这就使得它们的祖先能够进入那些不利于食果的人科动物生存的森林和热带栖息地。

● **表情严肃的猴子**

雌性疣猴亚科动物在大约4岁时发育成熟，雄性大约在5岁。疣猴类的交配没有严格的季节限制，但是一般有一个出生的高峰期，而且幼猴也刚好在食物丰盛的时候断奶。交配行为一般是由雌性发起的。一只可受孕的雌长鼻猴如果看上了某只雄猴，就

↗ 红叶猴栖息在东南亚的婆罗洲，它们是雨林中昼行的栖居者，但在次生林中偶尔也能见到它们。

会紧闭嘴巴噘起嘴唇。如果这只雄猴回看了雌猴一眼，雌猴就会快速地摇晃脑袋。雄猴会以噘嘴的表情作出回应，然后或者由它靠近雌猴，或者让雌猴靠近它。如果雄猴未能对雌猴的主动行为作出回应，雌长鼻猴可能会去打这只雄猴，扯它的皮肤，甚至咬它。雌性红腿白臀叶猴的一个明显特征是采取仰卧的姿势，透过自己的肩膀去看雄性。雄性作出的回应就是一直盯着它看，然后再望着合适的交配场所。在疣猴中这种恳求的技巧都是相似的，只是咂嘴的声音不同。在交配的时候，雌性白臀叶猴和疣猴仍然采用仰卧姿势，而雌性长鼻猴和长尾叶猴则采用其他猴科动物四足并用的姿势。雌性长鼻猴会继续摇头，而配偶双方会做出交配中的噘嘴表情。

刚出生的幼崽大约20厘米长，0.4千克重。它们出生时眼睛能睁开，而

通过物种的分布追踪生态环境的变化

通过对疣猴亚科的猴类进行分析发现，长期以来雨林环境都是不稳定的。比如：一只生活在印度南部的叶猴就可能与仅栖息在越南北部海岸外孤岛上的另一种叶猴有离奇的相似之处。这表明它们曾经的分布肯定是重叠的，进而说明了在20万年以前的印度大部分地区都覆盖着雨林。其后不久，突然的严重干旱伴随着冰河作用使得雨林的分布减少到了如今的很小比例。现在印度的雨林仅分布于次大陆的西南部和最东北部地区。

灵长类动物在苏门答腊岛的分布则进一步表明早在200万年前的冰河期也影响了灵长类动物的分布，由此我们有理由假设雨林以前经历过很长的一系列主要的扩张和收缩变化。

在非洲，灰肩黑疣猴和白肩黑疣猴是有紧密血缘关系的，但它们在地理分布上被黑白疣猴隔开了，所以黑白疣猴有可能是前两种疣猴在间冰期和后冰河时期留下的后代，它们填补了由中部非洲冰河时期的森林破坏造成的前两者之间的隔离。这种分布隔离在绿疣猴当中也很明显，它们在非洲中西部地区没有分布，而黑疣猴却生活在那里。所有种类的疣猴，也包括其他的动物，都受到了著名的西非达荷美裂谷地理分布脱离的影响。

气候方面的背景为首先在南美洲哺乳动物当中观察到的一种现象给出了深刻的见解，不过这种现象可能到处都能见到。这种现象被称做"变色现象"，是皮毛和皮肤的颜色单向进化的一种趋势。很多亚洲疣猴的皮毛和皮肤都是相对较暗的，事实上，有些种类全身都是黑色的。然而它们的后代渐变成了灰色的，再后来一律变成了棕色；在某些种类当中，它们首先变为红色，后来几乎都是白色了。这种现象最初被认为是一个长期而不可逆转的过程，但事实上它很可能是一个短期的遗传效应，这种效应是由相对比较快的一段种群扩散期造成的，这种种群的扩散伴随着后冰河时期的雨林再生。不同颜色疣猴的分布可能与森林再生的区域差不多，这表明了气候的变暖是阶段性的，而不是一个连续不间断的过程。

且能够紧紧地抓住母猴，不过橄榄疣猴的幼崽是被母猴叼在嘴里的。新生幼崽的体毛很短，很柔软，毛色通常与成年者的不同。长鼻猴和红腿白臀叶猴的幼崽除了面部皮肤稍暗以外，身体皮肤和坐骨上的硬皮颜色都比成年时更浅。它们一般一胎生1崽，很少生双胞胎。除了红绿疣猴和印尼叶猴以外的已经研究的种类中，母猴是默许其他雌性帮它带孩子的。幼崽在出生后不久就会受到频繁的触摸，并可能被带到离母猴远达25米的地方。母猴能同时给自己和"别人"的孩子喂奶。正在照看孩子的雌猴有时会突然"擅离职守"，让幼崽的母亲去重新找回"哭叫"的幼崽。对于长尾叶猴来说，雌性在5周左右就开始疏远幼猴，这可以促进幼崽的独立性发展，提高它们在只有一只雄性统领的高死亡率的群体中的存活率，也可以让母猴有更多的时间集中在寻找食物上。幼猴在5~10个月时开始换上成年时的皮毛，5岁左右达到成年猴的体型。

和猕猴相比，疣猴类在侵略性、社会群体内的性关系、声音交流甚至是姿态交流等方面通常显示出比较低的水平，它们的大部分行为都被描述成是"沉闷严肃的"。其中一个原因可能与它们的进食行为有关。树栖动物的食物平均地分散在森林当中，所以它们需要长时间坐着进食，而不需要紧密的群体合作，因此面部表情很少。它们在爬上果树或在其上行走时，会小心翼翼地避开已经占据在那里的同伴。一旦占据了一块进食地以后，它们就会面向该树的外围，这使

↗ 哈努曼叶猴正在寻找食物。和其他的叶猴一样，哈努曼叶猴几乎只吃植物，在寻找食物的时候——主要在清晨以前和下午靠后——它们的群体可以覆盖数平方千米的范围。尽管哈努曼叶猴主要栖息在树上，但仍然很适应生活在树木稀少的地区。它们在地面行走时是四足并用的。

它们能够在与邻居进行最少交流的情况下进行长时间的进食活动。虽然它们进食的高峰期是在早上和晚上，但由于食物的营养很低，这就促使它们几乎全天进食，因此进一步减小了它们之间社会交流行为的复杂性。

疣猴类的群体小到通常只有一只的雄性疣猴，大到有超过120只的长尾叶猴（大部分是为了共同寻找水源而临时建立的群体）。大小为200~300只（金丝猴的群体甚至超过了600只）的群体也曾经被报道过，不过这些群体可能是由比较小的家庭单位聚集而成的。有报道称长鼻猴、红腿白臀叶猴和红绿疣猴群体大小为60只左右，而该亚科中大部分属的群体最多40只。有些疣猴类的平均群体规模要小得多，从平均只有3.4只的"一夫一妻"的明打威叶猴、豚尾叶猴和爪哇灰叶猴种群，到一个37只的哈努曼叶猴种群。豚尾叶猴和白肩乌叶猴的群体通常都有5个成员；黑叶猴、紫面叶猴、戴帽叶猴和黑白疣猴的群体数量为6~9只；其他种类的群体数量一般是10~18只。黑掌绿疣猴是个例外，它们的群体数量可以达到50只。

在雌雄混居的群体当中，成年雄性的数量是和它们的体型成比例的，而且一般等于或少于成年雌性的数量。在柬埔寨东部的黑腿白臀叶猴总是成对出现，而婆罗洲的爪哇灰叶猴通常生活在有3个成员的家庭当中。全部是雄性的群体通常出现在长鼻猴、黔金丝猴和许多亚洲的种类当中，在疣猴当中很少见。

在已评估的地区，大部分种类的活动领域约为0.3平方千米，其中戴帽叶猴的活动领域最大能达到0.64平方千米，而长鼻猴和黑掌绿疣猴的活动领域最大能达1.3平方千米。黑叶猴的活动领域约为0.06~2.6平方千米，长尾叶猴的约为0.05~13平方千米。爪哇灰叶猴、印尼叶猴、紫面叶猴、银色乌叶猴、郁乌叶猴和一些哈努曼叶猴的群体都是地盘防卫性的，它们会防卫并独享大部分的活动领域。

紫面叶猴经常为了攻击一个相邻的群体而临时放弃自己的领地，而成年的雄性紫面叶猴有一种对领地的"怪癖"，它们会去惩罚越界的同伴。哈努曼叶猴的其他种群，如明打威叶猴、黑叶猴和戴帽叶猴，其领地有一片独占的核心区域，差不多占了整个活动领域的20%~50%，这其中包含了睡觉和进食的树；在冈比亚的一种西非红绿疣猴中，这个数据达到了83%。在黑白疣猴的领地中有一片不同群体互相驱逐而非永久独占的区域。与之相比，人们发现有3个黑掌绿疣猴群体的领地有广泛的重叠。这3个群体之间的关系通常是具有侵略性的，但只有成年和即将成年的雄猴参与争斗，不管在领域的何处相遇，占优势的群体通常都会排挤其他的群体，不过某个特定雄性的参与似乎往往是它们群体能够取胜的一个关键因素。其他的绿疣猴群很少会进入这块区域，即使去了，它们也会立即遭到驱逐。

叶猴、长尾叶猴和黑疣猴都以叫声响亮而著称，它们的叫声在黎明时最强烈也最富感染力。它们在白天也叫，特别是在群体准备转移或者晚上睡觉的地方确定下来的时候。有些种类晚上也会叫，它们的叫声通常是为了展示自己、保卫自己的领地和配偶。在不同群体相遇或发现掠食者时，它们的叫声会加快并伴随着很夸张的跳跃动作。在这种情况下，群体的首领会重复叫声和动作，将其他的成员汇集到它的身边。

疣猴和叶猴在同一种内和不同种间的群体密度都是多变的。在每平方千米的范围内大约生活着3~48只叶猴；对于豚尾叶猴和乌叶猴来说，这个数量是8~220只；对于哈努曼叶猴来说，每平方千米生活着3~904只；疣猴则为30~880只。在哈努曼叶猴中，通常是生活在开阔草地和农业用地上的群体密度比较低，这些群体拥有巨大的活动范围；中等密度的群体经常栖居在城镇和乡村旁边；高密度的群体通常栖居在树林里，它们的领地很小，有时还会互相重叠。

↗ 带着幼崽的一对红腿白臀叶猴。这种颜色醒目的动物是昼行和树栖的，主要生活在柬埔寨、老挝和越南的热带森林里。尽管它们已经是濒危物种，但是仍然有人捕捉它们并到宠物市场上出售。

长臂猿

> 与流行的看法相反，猿类和人类并没有一位习惯性地依靠手臂在树枝之间摆荡的共同祖先。虽然所有的猿类都有长长的手臂和灵活的肩膀，并且能够直立，但是只有长臂猿的上肢才具有强有力的推进能力。它们依靠强壮的手臂以直立的姿势（坐着或悬挂着）攀援和进食，这种来自祖先的行为姿势可能是所有猿类共有的。

长臂猿最明显的特征就是它们摆荡手臂的运动方式（悬挂攀援）和惯常的直立姿势，这些特征都是为了适应它们独特的悬挂式行为。它们以一种固定的方式发出响亮而复杂的相当纯净的叫声，向人们展示了这些远东丛林动物的充满活力而又不乏忧郁的特质。这些动听的叫声主要是"二重奏"，它可以用来促进和维持"夫妻之间"的联系，也可以将邻近的群体从"一雄一雌"制的家庭领地内驱逐出去。总而言之，长臂猿的关键特征形成了一种在灵长类动物中很独特的个性。

● 成功的猿类

虽然大猿在体型上具有性别二态性，但是长臂猿的成年雄性和雌性体型却差不多。长臂猿是一种体态优美的猿类，它们的体型相对较小，身体较苗条，手臂非常长，腿也比想象中的长一些，还有浓密的毛发。与大猿相比，只要有足够的支撑，它们更擅长双足行走。例如它们会在那些太大而不能用来摆荡的树枝上行走，而不仅仅是人们假想的那样只在地面行走。根据它们的毛色和斑纹能够清楚地区分它们的种类，而且在某些情况下，根据这些特征还能辨别它们的年龄和性别。某些种类的长臂猿还有喉囊，这可以增强声音的传播能力。这些叫声，特别是成年雌性的叫声，为我们提供了一种识别种类的最简单的方法。

从多样性和数量上来讲，长臂猿是猿类当中最成功的。从能够熟练地攀爬和食果的祖先开始，长臂猿在最近的100万年内种类变得越来越多，现在已经遍布了东南亚的森林。它们保持了与祖先相同的体型，能够挂在树枝的末端进食，以及在森林的顶篷悬挂攀援。在上新世的海平面变化时期

↗ 一只白掌长臂猿和它的幼崽。这种长臂猿的哺乳期十分长，幼崽18个月大的时候才完全断奶。由于对森林的砍伐，白掌长臂猿正在减少。比如在马来西亚的大陆上，人们就烧毁了大片的森林以作为农田。

（500万年前~180万年前），由于频繁的巽他陆棚的隔离导致了长臂猿分化为了现在的种类。

● 种类单一，分布集中

长臂猿的分布贯穿了东南亚组成巽他陆棚的大陆和岛屿，它们几乎完全树栖，依赖于热带的常绿雨林。大约在100万年前，长臂猿的祖先似乎就来到了东南亚，由此它们被分割在了西南、东北和东部（亚洲大陆在冰河时期的早期并不适合栖息）。这3个族系分别形成了大长臂猿、冠长臂猿和其他长臂猿。最大的变化随后发生在东部的群体，它们在间冰期时又回到了亚洲大陆，首先留下了白眉长臂猿和西部的克氏长臂猿，然后又留下了黑冠长臂猿，在经历了最后一次冰河期以后，留下了黑手长臂猿和白掌长臂猿的后代；而灰长臂猿和银长臂猿分别在婆罗洲和爪哇进化出来。某些权威人士现在将白眉长臂猿置于独自的一个亚属，因为它的体型很大，染色体比较少。长臂猿的分布范围随着时间的推移被挤到了很靠南的地方——根据中国的文献记载，在1000年前时，长臂猿的分布向北曾一直延伸到了黄河。奇怪的是，在长臂猿活动范围内靠北的种类，雌性和雄性具有不同的颜色（雄性主要是黑色，而雌性为浅黄色或灰色）；黑色的长臂猿生活在西南部，中部的长臂猿颜色多种多样，而东部的长臂猿是灰色的。雌雄异色的种类生活在季节性的森林当中，这种森林当中的视觉信号能见度比较高。

不同种类的长臂猿通常被海洋与河流分隔，但大长臂猿除外，它们在马来半岛与白掌长臂猿的栖息地重叠，在苏门答腊岛与黑手长臂猿的栖息地重叠。虽然长臂猿在体型上很相似，但由于分别适应了特定的森林环境，人们很容易通过它们的毛色、斑纹、"歌曲的结构和歌唱行为"对不同种类进行识别。长臂猿被认为是种类最单一的，大长臂猿是其中一个亚属，有50条染色体，为二倍体；东北部的黑长臂猿是第2个亚属，有3~4个亚种，有52条染色体，从北部一直散布到南部，穿过了中南半岛的海洋与河流；西北部的白眉长臂猿（有38条染色体）是第3个亚属；白掌长臂猿是第4个亚属，分布在中部和东部（有44条染色体）。黑长臂猿与白掌长臂猿的差别就像大长臂猿和白眉长臂猿之间的差别一样大。白眉长臂猿的雌雄不同色，与黑长臂猿和黑冠长臂猿相似。克氏长臂猿曾经被叫做倭大长臂猿，因为它也是全身黑色。灰长臂猿和银长臂猿都是灰色的。婆罗洲中部的一片古代大型混居区内的发现意味着灰长臂猿可能应该作为黑手长臂猿的一个亚种。黑手长臂猿与白掌长臂猿的分布最广，颜色种类也最多，它们都可以作为多色的种类，不过泰国的白掌长臂猿显示出了极度的二色性，这种二色性明显与性别无关，但可能与季节性的半落叶森林环境有关。

● 偏爱果实

长臂猿一般喜欢吃小而分散的多汁水果，这就使得它们会更多地与鸟类和松鼠竞争，而不是其他灵长类动物。与大群觅食并更容易消化未成熟果实的猴类不同，长臂猿主要吃成熟果实。它们也吃相当数量的嫩叶和少量的无脊椎动物，而无脊椎动物是动

知识档案

长臂猿

目 灵长目
科 长臂猿科
长臂猿属，共11种。

分布 印度的最东部到中国的南部远端，向南穿过孟加拉国、缅甸和中南半岛一直到马来半岛、苏门答腊岛、爪哇西部和婆罗洲。

栖息地 常绿雨林和半落叶季雨林。

体型 部分种类的体长为45~65厘米；体重5.5~6.7千克。大长臂猿的体长为75~90厘米；体重10.5千克。雌雄的体型相似。

皮毛 可以通过颜色区分不同种类（有时还能区分性别和年龄），声音也一样。

食性 吃具有果肉的成熟水果、树叶、某些无脊椎动物。

繁殖 怀孕期7~8个月。

寿命 在野外，大长臂猿为25~30岁，白掌长臂猿为25岁或更久。在人工圈养环境中，最多可活到40岁。

物蛋白质的基本来源。

长臂猿栖息地的结构复杂性缓解了由食物出现的季节性带来的影响。在同种植物内或几种植物间（攀缘植物或独立的植物），果实在一年的不同时间生长，这就保证了它们常年都可以获得果实。既然这些种类的植物依靠动物散播种子，那么这个例子正好展现了植物和动物之间重要的共同进化。最近在印度尼西亚的婆罗洲和孟加拉国做的研究为长臂猿散播种子的作用提供了清楚的证据，证明它们的这种行为能够促进森林的自然再生。那些经过了它们肠道的种子似乎更容易发芽，因为消化作用可能削弱了种子表皮的保护作用。

长臂猿在白天9~10个小时的活动时间内，约35%花在了进食上面（24%用于行走）。在进食时间内，它们有65%的时间是在吃果实，30%的时间在吃嫩树叶，但是大长臂猿（44%的果实，45%的树叶）和克氏长臂猿（72%的果实，25%的动物，几乎不吃树叶）除外。一个种类的长臂猿其食物中树叶的比例越大，它们的臼齿就越大越锋利；庞大的盲肠和结肠意味着这些有简单胃结构的动物有能力对付（甚至发酵）大量的树叶。它们能够用拇指和食指夹紧去精确地摘下果实，甚至是那些小果实，并把未成熟的果实弄得"成熟"起来。

● 娴熟的"歌手"

长臂猿的家庭群体中一对配偶一般每2~3年产一崽，所以群体当中通常有2个未成年后代，有的时候多达4个。它们并不经常交配；交配时雌性通常蹲伏在树枝上，而雄性悬挂在后面，它们很少面对面地交配。其怀孕期持续7~8个月，幼崽在出生第二年的早期断奶。对于大长臂猿幼崽来说，来自父亲的高级照料是不一般的：成年雄性在幼崽1岁时就接下了日常照顾的任务。幼年长臂猿无论雌雄都很少加入到群体的社会互动当中。到了6岁左右，作为一个接近成年的长臂猿，它们开始与同胞进行友好的交

↗ 一只雌性克氏长臂猿跳到半空中，用它那具有震撼力的高鸣声警告"别人"远离它的领地。它也会沿着树枝直立地奔跑，并和其他家庭成员一起撕扯树叶并摇晃树枝，以增强警告的效果。

↗ 一对银长臂猿在一起领地争端中正冲着它们的邻居吼叫。爪哇的种类不会进行"二重唱",实际上,那里的雄性银长臂猿根本不"唱歌"。

流,与成年雄性的互动既有友好的,也是有攻击性的,但是避免与成年雌性来往。到8岁时,具备成熟社会性的长臂猿会与成年雄性发生冲突,这促使它们离开出生的群体。

接近成年的雄性经常单独"唱歌",这明显是为了吸引一只雌性前来,但它们也可能出去寻找一只。因此,后代会结束在亲代身边的历程而出去,不过雄性后代离去的可能性更大。它们的第一个伴侣并不一定适合相守终生,它们通常要尝试多次才能找到合适的伙伴。

大长臂猿在长臂猿中是与众不同的,它们的家庭群体在白天的活动中具有高度的凝聚力——群体成员的平均距离约10米,很少有成员跑到30米开外的地方去。其他长臂猿的群体只有在大型食物源里才会一起进食,在其余的时间它们都是单独觅食,互相之间的距离能够拉大到50米;它们偶尔会聚到一起休息和梳毛,在某些情况下晚上会一起睡觉。

它们的社会互动不怎么频繁,很少发出视觉的或听觉的信号,即便像大长臂猿拥有较丰富的面部"表情"和复杂的声音系统。梳毛是最重要的社会活动,它既发生在成年长臂猿和接近成年的长臂猿之间,也发生在成年长臂猿与幼长臂猿之间;主要发生于幼崽之间的玩耍行为是次重要的社会活动。

最生动、最耗费能量的社会活动是"唱歌",这个时候大多涉及成年"夫妻",但是幼年长臂猿在学习时整个群体也会发出"合唱"。"歌唱"行为通常被解释为家庭群体之间交流的方式,可以用来标示领地和进行防卫。这种大部分长臂猿都具有的"二重奏"平均一天持续15分钟,频率为一天两次到五天一次,这取决于长臂猿的种类以及果实产出、繁殖和社会变化等方面的因素。克氏长臂猿,或许再加上银长臂猿,它们没有"二重奏",不过雌性克氏长臂猿具有惊人的"大叫声",而雄性的银长

↗ 对于大部分长臂猿来说（不包括大长臂猿、克氏长臂猿和银长臂猿），它们皮毛的颜色会根据性别和种群所在地区的不同而变化。1.白眉长臂猿（左为雄性，右为雌性）；2.黑冠长臂猿；3.白掌长臂猿（某些种群中雌雄很相似）：3a为泰国暗色种类，3b为泰国浅色种类，3c为马来半岛南部种类，3d为苏门答腊岛北部种类；4.黑长臂猿：4a为脸颊为黑色的种类，4b为脸颊为白色的种类，5.灰长臂猿；6.黑手长臂猿：6a为马来半岛物种，6b为苏门答腊岛南部物种，6c为婆罗洲西南部物种；7.大长臂猿；8.克氏长臂猿；9.银长臂猿。

臂猿、白掌长臂猿、黑手长臂猿、灰长臂猿或许还有银长臂猿，会在黎明或之前发出"独唱"。

这种在群体内存在的日常标示作用，以及对自己所栖居领地的防卫作用会因为领地边界的对抗而增强，这些对抗每5天就发生一次，平均一次持续35分钟左右。总的来说一共有5个领地防卫等级：来自中心的叫声，来自边界的叫声，边界上的对峙，边界上雄性之间的追逐，以及非常少见的雄性之间的身体接触。

大部分长臂猿的"二重奏"较量都遵循同样的基本模式：首先，雄性和雌性（以及幼崽）来一段引导性的叫声进行"预热"，然后雄性和雌性之间会交换次序（行为上和声音上），之后是雌性的"高鸣"。只有克氏长臂猿的雄性和雌性会分别进行"独唱"。对于白掌长臂猿、黑手长臂猿、灰长臂猿和黑长臂猿来说，它们的雌性和雄性会轮流"歌唱"，从而组成完整的"二重奏"；而对于白眉长臂猿、黑冠长臂猿和大长臂猿来说，雌性和雄性会同时"歌唱"，即使是在雌性高鸣的时候。

在森林范围内，每平方千米通常有2~4个长臂猿的家庭，它们的总体重为45~100千克，一个家庭有4个成员；然而在该区域的群体数量也可以是1~6个。这些群体一天行走约1.5千米（大长臂猿、黑冠长臂猿和灰长臂猿平均一天行走0.8千米），一般的活动范围在0.3~0.4平方千米之间。大部分长臂猿类会将3/4的活动范围（0.25平方千米）划为群体的领地进行防卫（银长臂猿和灰长臂猿会防卫90%的活动范围，而大长臂猿和克氏长臂猿只防卫60%左右）。然而，人们很难界定大长臂猿的领地边界，因为它们很少就此发生争端，似乎它们会用更响亮的叫声在领地之间创造一个"缓冲区"。虽然大长臂猿的体型是其他长臂猿的两倍，但是它们生活在比较小的活动范围内，移动比较少，而且吃大量的比较常见的食物，如树叶。

↗ 图中的灰长臂猿正在婆罗洲的森林中摆荡。

猩猩

> 猩猩是亚洲唯一的大猿，现在仅存于婆罗洲和苏门答腊岛蒸气缭绕的丛林里。猩猩的两个种类在灵长类中有许多方面都是很突出的，它们是世界上最大的树栖哺乳动物，同时也是繁殖最慢的。猩猩被认为是社会的隐居者，而且交配行为非常独特，它们建立的地区性模式使人回想起了人类早期的文化。

猩猩（在马来语中是"森林中的人"的意思）在树上攀爬的时候十分谨慎。由于太重而无法跳跃，它们穿越森林顶篷间隙的方式是在一棵树上来回地摆荡，直到能够抓住另一棵树，而且它们总会用两个前肢抓住树枝。这种行动方式是通过它们长长的手臂和比较短的腿（比手臂短30%）以及长长的钩状手掌和脚掌实现的，它们的手臂和腿能够在许多方向上自由地活动。猩猩几乎从不下到森林的地面，只有成年的雄性婆罗洲猩猩除外——它们多达5%的时间都是在地面度过的（也许是因为婆罗洲的老虎——猿类的主要掠食者——现在已经灭绝了）。猩猩不能像非洲的猿类一样用指关节行走，当在地面行动时，它们的"手"和"脚"是卷起的。

↗ 一只16岁大的母猩猩和它9个月大的幼崽。雌性猩猩一生中大约能生3～4胎，幼崽只会受到母猩猩的照料，直到它10岁左右可以独立为止。

● 共同的祖先

分子学的研究表明，猩猩是在1400万年前从其祖先那里分化出的，它的祖先也是非洲猿类和人类的祖先。与中新世后期（1200万～900万年前）的南亚西瓦古猿非常相似，体型巨大的更新世（100万年前）猩猩出现在中南半岛，而体型比现代猿类大30%的亚化石猩猩（4万年前）出现在苏门答腊岛和婆罗洲的岩洞里。更新世时期，爪哇也生活着比现存猩猩体型小的猩猩。早期的猩猩有可能更适应地栖生活，但现存猩猩的树栖生活方式证明了它们很长一段历史时期都生活在森林的顶篷。

这种红色猿类的下巴很大，大而平的臼齿上有突起的尖和厚厚的珐琅质——这是一种完美的解剖学结构，有利于撕开木质的果实和带有白蚁巢穴的树枝，或磨碎坚硬的种子及撕下树皮。这些大猿每天至少会建造一次睡觉的平台，它们会将一些树枝折断并折叠，然后在树的顶部将树枝和树叶编织成为窝。下雨时，它们会添加一层防雨盖。

● **领地广阔**

因为猩猩的体型庞大，相应地胃口也很大，所以其密度通常都很低（每平方千米只有1只），只在肥沃的河谷特别是沼泽森林，它们的密度可以达到每平方千米7只。苏门答腊猩猩的密度比婆罗洲猩猩的大，而且生活在海拔更高的地方。在不被捕猎的情况下，它们的密度取决于果实的产量，特别是富含果肉的果实。对于富含果肉的果实来说，其分布是峡谷比斜坡和山脊多，低地又比山上多，而

知识档案

猩猩

目 灵长目
科 猩猩科

猩猩属，包含2（或1）种：婆罗洲猩猩、苏门答腊猩猩。

分布 曾经一度广泛分布在东南亚和中南半岛，现在仅存于苏门答腊的北部和婆罗洲的大部分低地。

栖息地 低地和山区的热带雨林，包括龙脑香树林和泥炭沼泽森林。栖息在树上，主要独居。

体型 雄性体长为137厘米，雌性115厘米；雄性体重为60~90千克，雌性40~50千克。

外形 体毛长而稀少，红色，粗糙，幼年毛发为亮橙色，某些个体成年后变为栗色或深褐色。面部赤裸，黑色，但是幼年时的眼部周围和口鼻部为粉红色。雄性脸颊上有明显的脂肪组织构成的"肉垫"，具有喉囊。牙齿和咀嚼肌相对较大，可以咬开和碾碎贝壳及坚果。苏门答腊猩猩身体偏瘦，皮毛比较灰，毛发和脸都比婆罗洲猩猩的长。手臂展开可以达到2米长，可用于在树林之间摆荡。

食性 吃果实（比如榴莲、红毛丹、木菠萝、荔枝、芒果、倒捻子、无花果）、嫩枝、花蕾、昆虫、蔓生植物；偶尔也吃鸟卵和小型脊椎动物。

繁殖 雌性约在10岁达到性成熟，到30岁停止发育。每3~6年产一崽，怀孕期约为235~270天，幼崽需哺乳3年。

寿命 野外的平均约为35岁，人工条件下约为60岁。

地理变化频繁的苏门答腊岛又比婆罗洲多。

猩猩行进时很费劲，它们每天移动的距离通常不足1千米。然而，雌性

↗ 猩猩所需的水分大部分来自于它们的食物，不过它们也偏爱喝水。这只苏门答腊猩猩生活在印度尼西亚的古纳雷瑟自然保护区。

猩猩的活动领域却有几平方千米大，雄性猩猩的活动领域则可以达到几十平方千米。猩猩无论雌雄都不是地盘防御性的，它们的活动领域有很大的重叠，不过体型比较小的猩猩会避免与"统治者"做伴。雌性后代性成熟以后一般会留在母猩猩的活动领域附近，但雄性在定居之前可能会在四周漫游许多年。

● 具备专业取食技能

猩猩的胃口很大，有时会花上一整天坐在一棵果树上狼吞虎咽。其食物中大约有60%是果实，果实的种类有几百种，无论成熟与否，但它们更喜欢吃果肉中富含糖分或脂肪的果实。在有无花果的地方，猩猩会把这种温和的果实当做主要的食物，因为这种果实数量丰富，也容易获得和消化。猩猩也经常吃树叶和嫩枝、无脊椎动物，偶尔也吃富含矿物质的泥土，在很偶然的情况下还吃脊椎动物，如懒猴。当缺少成熟水果的时候，它们会吃种子及树木或者藤蔓植物的树皮。特别是在果实歉收时，它们强健的齿系能为它们带来很大的好处。当缺少多汁的水果时，它们会喝树洞里面的水——将一只手浸入水中，然后舔从手腕的毛上流下来的水。

在苏门答腊岛的某些沼泽地中，猩猩会制作棍子一样的工具将种子从多刺毛的利沙树果实中取出。它们也会利用工具挖蜂巢中的蜂蜜,或者掏树洞中的白蚁。在使用工具的种群中,所有的成员都具备这种技能,只不过它们使用工具的频率不同。一个很有趣的对照就是,有一些种群的成员并不具备这种能力,哪怕它们与使用工具的猩猩种群只隔了一条河。这种使用工具的"当地传统"与野生黑猩猩的很相似。

● 独来独往,热爱"学习"

猩猩是一种生长和繁殖很慢的长寿动物。它们悠闲的生活史可能是为了适应在低死亡率的栖息地生活,以及度过食物稀缺的时期。在野外,雌性10岁进入青春期,但是5年后才可以生育。幼崽在1岁以前都会受到母猩猩的持续照料,当它们4岁大时,母猩猩才会离开。母猩猩对幼崽十分耐心,幼崽在3岁断奶以前一直都睡在母猩猩的巢中。即使在断奶之后,幼年猩猩还是经常与母猩猩来往。雌性猩猩的产崽间隔通常是8年。在野外,雌性能够活45岁左右,因此它们一生最多能够生养4个孩子,这也许是所有哺乳动物中最少的。

雄性猩猩通常在12岁时达到性成熟(接近成年)。完全成熟的雄性体型大约是雌性的两倍,它们脸颊边缘的纤维组织将脸部变得更宽,有着大而长的喉囊,手臂和背上有长长的、斗篷一样的毛发,还能发出低沉的"长叫"。它们第二性征出现的时间有很大变化:发育最快的未成年雄性能在10年之内达到完全成熟,而有些猩猩似乎要20年或者更长的时间才能最终成熟。这种发育上的暂停现象可能是一种适应性的交配策略,这种现象在苏门答腊岛更加常见,那里的种群中未成年与成年者的比例要比婆罗洲种群的高出3倍。

猩猩是一种相当独行的动物,特别是生活在婆罗洲的猩猩。成年的

↗ 雄性猩猩是一道给人留下深刻印象的"风景"。在面对其他试图闯入自己活动领域的雄性时,它的体型、脸颊的侧翼、喉囊和长发加强了其示威的力度。它们从喉囊发出的声音在1.5千米之外都能听见。人工环境下的猩猩会变得肥胖,这就使它们的脸颊和喉囊变得更大。

↗ 猩猩是真正的树栖大猿类，也是生活在森林顶篷的最大动物。它们依靠长长的手臂在树枝间摆荡，用钩状的手和脚紧紧抓住树枝。猩猩每天大概要筑两个巢，一个用来午睡，一个用来晚上睡觉。

猩猩大部分时间都是独自行动和进食的，它们的后代在断奶之后会逐渐变得独立。雄性猩猩一般到了青春期后就会和母亲断开关系，但雌性猩猩还会经常回来。幼年和青春期的猩猩有时会一起玩上几个小时，甚至成对地在周围走动或紧跟着家庭。当几只成年猩猩相遇时，比如被同一棵果树吸引，它们几乎不会进行社会互动，在吃完以后会各自离开。

苏门答腊猩猩之间的社会交往要多一些。除了低等级的成年雄性以外，各个阶层的猩猩都是群居并一起活动的。与婆罗洲猩猩相比，苏门答腊猩猩更多地吃水果和无脊椎动物，比较少吃树皮，而且它们在使用工具上也具有垄断性。这些差异最终来源于它们比较高的种群密度，这也反映了其栖息地比较高的食物产量。在物产丰富的栖息地，集体行动和进食的代价比较低，因此它们能够从群体生活中受益，比如学习使用工具的技能。

猩猩认识每一只和它们的活动领域经常重叠的其他猩猩，并会与之建立社会关系。雌性猩猩会和某些猩猩优先建立关系，而这种关系也是与繁殖同步的。虽然未成年雄性之间偶尔会建立联结，但是雄性之间的关系更大程度上是竞争性的。雄性在一天中会发出好几次"长叫",目的是让低等级雄性不要靠近;当成年雄性相遇时,它们就会上演激烈而富有侵略性的展示,有时还会导致在地面的追逐和打斗。只要未成年雄性能够"恭敬"地待在一定距离以外,成年雄性还是能够容忍它们的。

只要有机会,即将成年的雄性就会尝试与能够怀孕的雌性来往,但能够怀孕的雌性则会选择当地处于统治地位的成年雄性,这只雄性一般都能够成功地阻止大部分即将成年的雄性与雌性交配。因此,那些没有被选中的雄性,不管是成年的还是即将成年的,当它们遇到一只单独的雌性时,通常会通过恶意的撕咬来制服激烈反抗的雌性。

在婆罗洲,雌性与居统治地位的雄性的配偶关系会持续几天,在苏门答腊岛,这种关系可能会持续几个星期。与此相关的可能就是,大部分苏门答腊猩猩的交配是配合的,而在婆罗洲,90%的交配活动都是通过暴力实现的。雌性花大量的时间选择雄性有什么益处仍然是个谜,可能它是在为自己的后代选择优良的基因,也可能是为了寻求保护。

在所有的灵长类中,人工环境下的猩猩在智力实验中得分最高。在野外的猩猩会依靠它们的智力去"发明"复杂的取食技术,有时涉及到工具的使用,利用工具它们甚至可以得到其他大部分雨林居民得不到的食物。它们也是很好的模仿者,可以从别的动物那里学到技能,包括如何使用工具。和"发现"新事物相比,它们更精于模仿其他猩猩的动作,这就使得它们能够产生当地的"传统"。在不同的地方,猩猩会使用不同的筑巢技术,发出不同的声音,它们抓握食物的方式也是不同的。

● 处于灭绝的危险之中

自从4万年前解剖学意义上的现代人侵入东南亚以来,人类就一直是猩猩的掠食者和竞争者。这种猿类在原先活动范围内的灭绝大部分都是由人类的捕猎活动造成的。猩猩现在面临着在野外灭绝的境地。猩猩对伐木业很敏感,当伐木活动越来越密集的时候,它们就会完全地消失。自然保护区以外的大部分森林都已被改造成为农田或者消失了,因此,保护猩猩的唯一有效途径就是在自然保护区和国家公园内保留尽可能多的栖息地。

与1个世纪以前相比,猩猩的数量已经减少了超过92%,仅在1993~2000年,苏门答腊岛北部的数量就下降了整整一半。剩下的种群仅分布于一些小岛,而且它们将继续被隔离,因为猩猩很少向别处"移民"。

貘

> 现存的4种貘是5500万年前恐龙消失之后、马类以及犀牛出现之前的古老家族的残存者,它们"万能的"适于抓握的鼻子被看成是它们进化成功的关键。

这些"活化石"类似于已经灭绝的在古代介于食虫动物和高级有蹄动物之间的踝节目。随着地球变得更加干燥和寒冷,草地栖息地使得偶蹄目草食动物的数量增加了,并提高了它们的消化能力,占据了以前貘广泛分布在北美、欧洲、亚洲和东北非的许多栖息地。貘包括了那种在中国四川省更新世沉积层中发现其化石的巨型貘。

● 仅存的种类

如今现存的貘只有4种:拜尔德貘、山貘、巴西貘、马来貘。其中:拜尔德貘、山貘、巴西貘存在于美洲。

美洲的三种貘均体色比较单一,体型大多小于马来貘。中美貘分布于墨西哥到哥伦比亚之间,体型比较大,是拉丁美洲现存体型最大的陆生动物。

南美貘分布于南美洲广大地区,外形接近中美貘而且略小,是貘中分布最广,数量最多的一种。山貘分布于南美洲安第斯山区北部,体型小、毛长而且略卷曲,较适应山区的寒冷环境。

亚洲与美洲的貘虽然成貘体色有较大区别,幼貘却较相似,身上均有花斑,躯体粗壮笨重,体长近两米,体重200公斤以上;皮肤较厚韧,毛被较稀少;鼻端为向前突生,可以自由伸缩;耳中等大小、卵为圆形;尾极为短;有一对乳头。

● 喜水的陆地动物

貘依赖于低地热带森林和山区热

▶ 4种现存的貘:1.中美貘及其幼崽;2.山地貘;3.南美貘;4.马来貘。

知识档案

貘
目 奇蹄目
科 貘科
1属4种。

分布 中美洲和南美洲、亚洲东南部。
栖息地 从海拔0米到近5000米的潮湿的热带森林和草地中。
体型 体长180~250厘米，尾长5~10厘米，肩高75~120厘米，体重150~300千克。

南美貘
分布于安第斯山以东地区，从哥伦比亚北部到巴西南部、阿根廷北部和巴拉圭，包括亚马孙河和奥里诺科河的热带森林盆地。栖息于从海拔0米到1700米的低地雨林和低的山区森林。**皮毛**：背部是带微红的棕色到浅白灰色，腹部下侧为苍白色；有短的稀疏的刚毛；从前额到肩部有狭窄的鬃毛。**繁殖**：怀孕期390~400天。**寿命**：30年。

山地貘
分布于哥伦比亚、厄瓜多尔、秘鲁西北部的安第斯山区。栖息于中高海拔的浓密森林到带灌木的帕勒莫草地，也包括高山草甸。海拔1400~4500米可见，通常见于2000~4500米处。**皮毛**：墨黑色中夹带着略带红褐色的深棕色；唇和趾尤其是耳朵上侧的边缘处为白色；皮肤比其他貘要薄。**繁殖**：怀孕期393天。**寿命**：估计25年。

中美貘
分布于墨西哥南部穿越中美洲向南到瓜亚基尔湾。栖息于低地森林、沼泽地、洪水淹没的草地及中海拔的山地森林。**皮毛**：胸部下和面颊处为白色或浅灰色，躯干部为略带红色的棕色；耳朵边缘为白色；鬃毛短而密，从前额延伸下来，没有南美貘那样高。**繁殖**：怀孕期13个月。**寿命**：30年。

马来貘
分布于缅甸南部、泰国、苏门答腊岛，以前婆罗洲也有分布。栖息于浓密的原始雨林、河岸和湖岸。**皮毛**：身体的中间部分是白色的，前面和后面是黑色的（分散的颜色）。**繁殖**：怀孕期390~395天。**寿命**：30年。

带森林两种栖息地，它们也频繁地进入河流和湖泊。那些生活在低地雨林的物种（南美貘、中美貘和马来貘）更是特殊的两栖动物，干燥的地面和洪水淹没的森林及河流对它们而言，都是一样的家园，甚至那些山地貘也不介意去水里洗个澡。所有的貘遭遇掠食者时都会本能地选择在水里寻求庇护，它们的天敌包括美洲虎、老虎、美洲狮和安第斯熊。亚马孙的南美貘十分聪明，它们会沉入深水中，使得美洲虎只能乖乖地望而却步。众所周知，这些动物喜欢在河床边散步，寻找它们所钟爱的水生植物。

生活在低海拔地区的貘通常都是黄昏和夜晚活动，而那些山地貘大部分白天出没，只在中午日照最强烈的时候午休一会儿。它们基本上在午夜至黎明时休息，天亮后开始活动。随着人类越来越严重的危害，所有的貘都有增加夜间活动时间的趋势。

貘的皮毛一般都有伪装作用。所有的种类中，不超过1岁的小家伙都有白色的斑点和斑纹，点缀在红褐色及深棕色的毛皮上。巨型的马来貘长着白色的鞍状物，其末端和前半侧为深色，在晚上能混淆它的外部轮廓。山地貘有着厚厚的深棕色的柔软外皮及墨黑的毛发，这些能让它们在山区多云的森林里或者强烈日照下的开阔的帕勒莫（少树的典型安第斯北部高海拔荒野）同影子很好地混合在一起。

貘虽然近视，但它们拥有的听觉和嗅觉，可用来寻找食物及侦察掠食者。在安第斯陡峭的地形里，它们超强的平衡感使得它们可以在60°~70°的斜坡上稳步行走。貘可以很轻易地躲避那些想观察它们的人类研究者。在森林里，它们常见的踪迹连接着它们的水源地及其吃东西和睡觉的地方。

盐渍池是貘在交配季节喜欢聚集的地方。雄性貘为了争夺雌性会展开战斗，之后，人们会发现它们一对对地在一起生活。

● 边吃植物边散播种子

貘能够吃掉所有类型的蕨类植物、木贼属植物、棕榈的果实和核、热带森林中的粗叶、凤梨科植物（以及它们的浆果），同时，它们也是植物种子的主要散播者。在厄瓜多尔的桑盖国家公园的一项研究中发现，33%的有脉管植物种类中，有42%被山地貘吃掉的植物的种子在貘的排泄物中会发芽。中美貘通常一个晚上可以吃掉34千克的草料，大部分很快成为湿润的雨林中的表层土壤覆盖物。

➤ 马来貘是喜水的动物，从不离开森林的水边，常常待在水中或泥中，一来为了逃避敌人，二来为了冷却身体，在水里游泳时可以将长鼻子伸出水面来进行呼吸。在陆地上活动也很敏捷，善于奔跑、爬山、滑坡等，走路时鼻吻部几乎贴着地面。性情孤僻，大多独自在林中游逛，偶尔也有2~3只在一起组成的小貘群。

西猯

在亚马孙雨林深处，一群超过百头的类似于猪的动物杂乱地跑向一片盐碱池。盐池在一片小的空旷地中，这里马上充满了这种深色的有白下巴的动物，它们在富含矿物质的水和泥中抽动鼻子。空气中弥漫着低沉的成年动物的咕噜声和幼崽呼唤母亲的尖叫声，同时带有强烈的麝香味，还能听到野猪类动物用强壮的颌打开坚硬的棕榈果的噼啪声等这类背景声。这些动物就是美洲特有的西猯。

这种场景在森林中重复了几千年，仅仅到现在才出现了转折：突然的爆破声撕裂了空气，一个美洲印第安土著人躲在树后，不断地用老猎枪朝它们射击，很快，5只白唇猯死在了地上，动物群马上跟随着毛发斑白的长者，掉头逃回森林。在现在的新热带低地森林地区，这是一幅典型的日常场景，猎杀和栖息地遭到的破坏给这种动物的长期生存画上了一个问号。

↗ 白唇猯可能是现存3种西猯中领地范围最大的，其领地比其他两种要大很多。图中一只年幼的白唇猯正在草地上漫步。

● 森林中的"猪"

西猯是类似于猪的中型动物，但是有长长的纤细的腿。它们在渐新世的西半球开始发展，而真正的猪出现在东半球。在北美、欧洲和亚洲发现了灭绝已久的西猯类，科学家们一开始只能从化石记录中了解到其中的一种现存物种——草原猯，直到1972年才惊喜地发现，它们还有在野外存活的个体。

3种现存的西猯在颜色和体型上都不同。环领猯是最小的，因它们白色的领圈而与众不同；白唇猯的身体比较黑，有白色的唇和颊；草原猯大而且黑，有着类似白唇猯的白领。以下不同的特征——长长的腿，大得多的头部，更发达的齿冠，眼睛位于头后方较远的地方，较长较高的口鼻部——证明草原猯应是一个独立的属。这3种动物的雌雄体型极为相似。

西猯是杂食的，特别喜爱水果（尤其是棕榈果）、种子、根、茎和蔓生植物，偶尔也吃昆虫、其他无脊椎动物、腐肉甚至小型哺乳动物。草原猯的主要食物是仙人掌，而仙人掌也是某些环领猯的重要季节性食物。

● 群体防御策略

雌性的环领猯需要33～34周达到性成熟，而雄性需要46～47周。野外的白唇猯和草原猯在出生第二年就可以初次生育。它们的交配只持续几秒，之前也不需要热烈的示爱。雌性可以和很多雄性交配，而成年雄性会在群体中建立等级制度，以便限制雌性与下级雄性之间的交配。环领猯的幼崽需要被养护50天，最多可达74天。雌性环领猯一般只看护它们自己产下的幼崽，而白唇猯中则存在那种被公共混合哺育的幼崽。

西猯是群居动物，草原猯生活在由2～10个成年和年幼个体组成的群体中，环领猯群包括6～50个个体，白唇猯群则通常能达到100只，从50～400只不等。这种庞大的群体觅食时会分为亚群，然后重回到总群里。美洲印第安猎人报告说，白唇猯群跟随在一个年长者的后面前进，后面紧跟着带幼崽的雌性，然后是未成年的雄性，

知识档案

西猯

目 偶蹄目
科 西猯科
2属（或3属）3种。

分布 美国西南部到阿根廷北部。

环领猯

分布地从美国西南部到阿根廷北部，栖息于热带森林、热带多树大草原、多荆棘灌木林地、茂密的树丛等。**体型**：体长78～100厘米，肩高40～49厘米，尾长2～6厘米；体重16～35千克。**皮毛**：灰白色，背部颜色较深，四肢呈黑色；从背部中央到胸部的对角有展开的白色环领；年幼的呈黄褐色，环领呈散开状。**繁殖**：怀孕期145天；每胎产崽1～4只，一般为2只。**寿命**：野外可生存16年（圈养最长可达24年）。

白唇猯

分布于墨西哥韦拉克鲁斯州东南部到阿根廷北部，栖息于热带森林、热带多树大草原、多荆棘的灌木林地。**体型**：体长90～135厘米，肩高56厘米，尾长3～6厘米；体重27～40千克。**皮毛**：深棕色到黑色，唇上、下颌和喉部有白色的刚毛；年幼者为略带红色的深棕色。**繁殖**：怀孕期158天；每胎产崽1～4只，一般为2只。**寿命**：野外能生存15年（圈养可达21年）。

草原猯

分布于格兰查科，栖息于干旱的有隔离草原的多荆棘森林。**体型**：体长93～106厘米，肩高52～69厘米，尾长3～10厘米；体重30～43千克。**皮毛**：呈灰色、深棕色或黑色，从背部中间到胸部都有模糊的白色环领镶边，年幼者为茶色和黑色，有散开状的环领。**繁殖**：怀孕期5个月；每胎产崽1～4只，一般为2只。**寿命**：野外至少生存9年。

↗ 年幼的环领猯仍然要待在母亲身边24个星期,其哺乳期约持续6~8个星期,但幼崽在出生3~4个星期时就可吃固体食物。幼崽的父母和群体的其他成员都会照顾它们,尤其是在面临危险,比如说受到掠食者威胁时。

拖在最后的是那些老弱病残。它们会通过相互在尾巴上侧标记信息素,来加强群体内部的凝聚力和认同感。个体从后到前分排,同一排并肩地站立,精力旺盛地用它们的颊去摩擦彼此的腺体。

环领猯和草原猯群体有着较少重叠的固定的生活范围,表明它们是有领地的。环领猯的领地范围为0.3~8平方千米不等,而草原猯的领地范围估计能达到平均11平方千米。环领猯和白唇猯将尾部腺体的分泌物标记在它们领地范围以内的树干或者其他东西上,那些优先使用的核心区则被粪便标记着。白唇猯生活在22~110平方千米的更大领地里,尽管有些情况下它们是游动或者迁徙的。

西猯的主要天敌是美洲狮和美洲虎,但一些南美农民声称,美洲虎仅仅会杀死那些离群的白唇猯。白唇猯遭遇猎杀它们的人类及其猎犬时,其中的一只或几只会留下来面对这种有相当大风险的威胁,以便让群体中的其他成员得以逃脱。这些留守者一般都是雄性,但是雌性会回来照顾那些受伤的同类。在掠食者发现它们之前,环领猯会发出警报声,然后群体向各个方向分散,以此迷惑攻击者。相比之下,草原猯会留在原地直面危险,在面对大型猫科动物时,这或许是一种很好的战略,但此举却会把整个群体都置于人类猎杀者的枪口下。

鹿

> 雄鹿的鹿角使得它们能够区别于其他的反刍动物。骨质的、像号角一样的鹿角每年都要重新生长并且蜕皮，这个过程需要相当大的能量和营养，尤其是体型比较大的鹿类。现存的体型最大的鹿——驼鹿中，大公驼鹿头上的角重量可能会超过30千克，长度达到了2米。即使这样，驼鹿的鹿角比起那些爱尔兰麋鹿（大角鹿）的角来还相对要小很多——这些爱尔兰麋鹿的鹿角长度大约是驼鹿的两倍，能达到4米长，重量占其总体重的大约10%。

鹿在外形上和其他反刍动物特别是和羚羊相似，它们拥有优美的、拉长的身躯，苗条的腿和颈部，以及短的尾巴和有角的头；大而圆的眼睛位于头的两侧，三角形或者卵形的耳朵高高地位于头的上方。鹿的体型变化从驼鹿到南方普度鹿逐渐变小，后者体重仅仅是前者体重（800千克）的1%。鹿最初是人类的一种食物来源，然后是猎人狩猎比赛的目标，最近，越来越多的鹿则被对其有兴趣的人看作扩充知识和进行科学研究的对象。

● **鹿角的重要性**

鹿角是从雄性小鹿覆盖前骨的皮肤处伸出来的，并且是由雄性荷尔蒙所引发的。然而，鹿角生长的生理控制不仅复杂，在很大程度上还会随着种类的不同而有所不同。鹿角每年的生长通常都在夏天，局限在一段敏感的、非常血管化的被称为鹿茸的皮肤上，因此正在生长的鹿角很喜欢碰触，并且很敏感，这可以从生长鹿角的雄鹿所作出的反应以及落在鹿茸上的两翼昆虫判断出来。对于大型鹿来说，鹿角完成增长和变成骨头大约在

↗ 一只雄性小黄鹿正在喝水。这种鹿产自中国，后又引进到英格兰，人们很少在距离水源很远的地方看到它们。这种鹿拥有小的鹿角和长的上犬齿。

出生140天之后，在这段时间，鹿茸开始变干并且开裂，这明显是对荷尔蒙的释放所作出的反应。雄鹿通过将鹿角撞向灌木和小树来摩擦掉它，这破坏了树皮，从树皮中流出来的树液常将鹿角染成黑色。另外，鹿也用鹿角摩擦土地，这同样也可以给鹿角染色。

交配季节过后，性荷尔蒙的减少导致了鹿角的脱落。一层骨骼溶化细胞侵袭了鹿角的根基，减弱了它们对头骨的附着能力，最终使其脱落。新大陆上鹿的鹿角趋向于在初冬或冬季中期蜕皮，直到来年的春天才开始生长；旧大陆上鹿的鹿角会保留到冬末或春季。鹿角蜕皮之后又会马上开始生长。

许多种类的鹿，尤其是生活在热带的，仅仅有钉状或者按钮状的小角，也有一种水鹿根本就没有鹿角。但这些小种类的雄鹿拥有长而尖的上犬齿——最初的武器，这是它们长期进化的历史当中早期的一些特征（大约3000万年前）。生物学家已经开始思考这种长牙鹿是否是遥远的过去鹿类的一种残存，或者是否它丢掉了原本有的鹿角，重新回到了原始的那种形式。像小刀一样的长牙是独居性的鹿保卫领地的典型武器。

也有其他的小型鹿以小鹿角和尖牙为武器，东南亚的黄麂就是如此。

知识档案

鹿
目 偶蹄目
科 鹿科
4个亚科16属38（或43）种。包括：黄麂属，7种；狍鹿；花鹿；赤鹿（马鹿）；美洲赤鹿；梅花鹿；狍子；驼鹿；驯鹿；马驼鹿属，有2种；赤短角鹿。

分布 北美洲、南美洲、欧亚大陆、非洲的西北部，被人工引进到澳大拉西亚地区。
栖息地 主要是森林和树木多的区域，但是北极苔原、草地、高山地区也有。
体型 肩高从南方普度鹿的38厘米到驼鹿的230厘米；体重从前者的8千克到后者的800千克。
皮毛 几乎是灰色、棕色、红色和黄色的渐变；一些成年鹿和许多幼鹿还有斑点。
食性 吃草类的芽、小叶香草、杂草、地衣、水果、蘑菇等。
繁殖 怀孕期从河鹿的24周，到麋鹿的40周。
寿命 野生北美驯鹿的平均寿命是4.5年。如果是人工饲养的话，许多鹿的寿命可以达到20年，甚至更长。

分子遗传学表明，一些小鹿角、大尖牙的黄麂源自于大鹿角、小尖牙的黄麂，表明大尖牙的黄麂在保卫小片的资源丰富的领地过程中需要经常战斗，从而优先获得了大尖牙。

有趣的是，大鹿角可能不是由于雄性之间激烈的竞争产生的，而是由于雌鹿想尽力使它们的后代长得更快而形成的。为了生存，它们需要选择一个带有优良基因的配偶。大的鹿角对于雌性鹿来说是一个相对可靠的信号，表明这只雄鹿已经有能力找到足够的食物来投资这些"奢侈"的组织，并且其雄性后代很可能也会长出大的鹿角，而雌性后代也将会生出更大的幼鹿以及产生更多的奶水。鹿角、出生时小鹿的大小以及雌鹿的奶水丰富程度之间的联系已经延伸到其他区域，例如速度——速度最快的种类拥有大的鹿角，幼崽出生时体型最大，母鹿也有丰富的奶水。

只有营养充足的时候，鹿角才会长大。在热带地区，鹿最初获得营养的土壤里通常矿物质含量很低，然而这并不影响钙和磷酸盐等基本要素的吸收并促进鹿角的生长；鹿角的生长同样需要高蛋白的饮食。这些营养的需求使鹿必须生活在土壤肥沃的地方，如一些大河流附近的冲积平原。

● 需要获取更多的矿物质

总的来说，鹿喜欢吃容易消化的食物并且每顿吃大致相同的东西。很多种鹿，无论体型，都是"集中选择者"，它们一般吃新芽、嫩叶、刚发芽的草、嫩枝、青苔、水果、蘑菇，甚至包括衰败的植被。这些鹿有一个很小的瘤胃，有较快的消化能力。一小部分热带鹿种，如花鹿和黑鹿会吃更多的绿草，成为颊齿能够持续生长的典型的食草者。所有的鹿都会像很多牛科动物一样消化粗纤维草料，即使是适应平原生活的美洲赤鹿和驯鹿。美洲赤鹿本身就是混合的进食

者，它需要许多高质量的草料，同时也需要掺杂一些粗纤维的草叶。驯鹿夏季以多汁的苔原植被为食，冬季靠雪下植被维持生活。由于鹿角的生长需要大量的矿物质，鹿的取食范围局限于高质量的植被，并且不在牛科动物和其他草食动物进食的草地生活，因为那里相对缺乏能建造骨骼的富含矿物质的草。

● **用"鹿角游戏"测试力量**

拥有复杂鹿角的鹿不仅用鹿角进行战斗，更重要的是用其竞争。就像人类的武术，这些"竞赛"依照规则进行，并且在避免流血的情况下为最强大的个体提供展示的平台。相扣在一起的鹿角让雄鹿用自己的体力而非靠伤害另一方来决定竞赛的结果。

最大的雄鹿会"恳求"比较小的鹿进行较量，假设比较小的雄鹿接受了"邀请"，两者会陷入持久的鹿角游戏中。通过这种运动雄鹿能建立"友谊"，练习的对手们会在一起进食、休息和迁移，并且当面对更占优势的雄鹿时，比较小的鹿可以得到较大的鹿的保护。

令人惊讶的是，各种鹿竞赛的规则有很大的不同。在黄鹿群中，大的雄鹿会联合比较小的来保卫共同的领地。在黑尾鹿群中，比较小的练习对手会帮助比较大的来保护群中的雌鹿，当几只雌鹿同时处于发情期而大的雄鹿不能全部与它们交配时，比较小的雄鹿可以参加进来。这种竞赛是天生的，因为没有角的小鹿也偶尔会尝试这种竞赛。这种竞赛允许鹿以和平的方式进行群居生活，并且使个体间的互动更加频繁。

↙ 鹿类中有代表性的种类：1.驼鹿；2.狍子；3.花鹿；4.小黄麂；5.梅花鹿；6.青麂；7.四不像（麋鹿）；8.河鹿。

群居生活有很多优势，尤其是减少了被捕食的风险。群体越大，每一个个体被捕杀的可能性将会越小，并且处在群体中间位置的个体比边缘的个体存活的概率更大。除此之外，掠食者在追捕它们时会选择老弱病残的个体，从而使得其他成员顺利逃脱。对于一只健壮的成年鹿来说，生活在群体里无疑是最安全的选择。

很明显，一个群体的成员能从不引起天敌的注意中受益，其中一种方法就是减少身体受伤和出血。这就暗示了在进化中鹿角出现的一个原因：通过检验力气而不是伤害来解决竞争问题从而使流血的风险减小。

和雄鹿群居，雌鹿要承受食物上的竞争，为了克服这些问题，它们常常要发展外部的某些特征。因此，雌性的驯鹿也长有鹿角供它们驱赶生活在雌鹿和它们的幼崽中已成年的雄鹿，也可以挖坑寻找雪下面的青苔。相反地，北美雌性驼鹿由于不需要保护食物源而缺少触角，因为它们栖息在森林里，在那里青苔都是生长在树上的。

狍子是特殊的鹿科动物，它们在夏天时展现出蓬勃的生命活力，这个时期往往用来繁殖，因此雄狍子在春天都领地性很强。狍子有延迟着床现象：在夏末发情期间，卵子受精，但是直到来年1月份才植入子宫。从那

↗ 图中驯鹿的角错综地纠缠在一起，好像这次冲突最终会导致流血的严重后果，但其实这种争斗仪式只不过是为了测试一下力量而已。

时起，胚胎开始发育，当春天万物复苏，植被变绿生长的时候，幼崽也降生了。

用气味交流在鹿中已经成为很重要的行为。体型比较小的鹿类一般用尿、粪、腺体分泌物来标记自己的领地或是植被，而体型大的鹿类则标记它们自己的身体。雄性黄麂体前的巨大腺体是用来检查领地的新气味的，一旦一块地方被标记，该地就会很少再被关注，于是更多的时间可用于开辟新的路径和寻找新的气味。像驼鹿和马鹿这样的大型鹿类会用尿液浸湿自己身上的长毛，马鹿和美洲赤鹿颈部的鬃毛以及驼鹿长长的摇摆的"铃"也很显著。旧大陆鹿类的雄鹿在发情期会用声音宣传自己，并用尿液大量喷溅自己的身体，抓挠尿液浸湿的发情部位，并且摩擦它们的身体和脖颈。抓挠完发情部位，驼鹿还会低下头接近那个部位并将尿液浸湿的泥土撒到下垂的"铃"上，然后那里就成了气味散发器官了——"铃"上的气味可以吸引雌性。一些新大陆鹿类，包括驼鹿和驯鹿，会在它们的后腿上浇小便；那些白尾鹿和黑尾鹿则有专门的、一遇到富有敌意的对手就会展开的有气味的长毛。

跳跃型的鹿有很多种类，如黑尾鹿，当天敌追捕它们的时候，它们会尽量跑向有陡峭山壁或高障碍物的

↗ 一只雄狍子和一只幼崽在吃嫩枝叶。这个物种非常好地适应了它们居住地的寒冷气候，由于有延迟着床现象，新生下来的小狍子不必去面对严酷的冬季和食物的缺乏。

地方从而甩开天敌的追捕。这种鹿长着很长的耳朵和很大的眼睛，以便它们在很远的地方就能发现天敌。马驼鹿凭借它们大的体型和长长的腿，能很轻松地越过低障碍物，而这些低障碍物相对于体型比较小些的掠食者而言，则需要很费劲才能越过，并且会因此而精疲力竭并降低其奔跑速度。有些鹿，如马鹿的华西亚种和西藏亚种都有很强健的腰腿，可以跳过陡峭的山或越过高的灌木丛。由于各种奔跑方式在一定程度上需要不同的地形和地势才能成功，鹿群不同的适应性也生态性地将同一区域的鹿分为不同的种类。换句话说，不同的逃跑战略会将不同种类的鹿集中到不同区域的地形中，从而使其对食物的竞争性总体上降到最低。

松 鼠

> 气候温和地区的松鼠有点像水仙花：它们在早春突然出现，在居住地生活几个月，之后又会消失。对居住在地上的动物来说，消失意味着冬眠的开始，好多种松鼠生命的一半时间都花在冬眠上。一年中它们在地面上活动4~6个月，之后在地下很深的干草垒成的窝里度过一年中的其他时间。

由于松鼠相对不太特化，所以能够进化成不同的体型，能在很广泛的地带选择适合它们生存的居住地，从茂密的热带雨林到半干旱的沙漠，从开阔的大草原到城市的公园都有它们的身影。大获成功的松鼠科动物包含多样的形态，例如有在地面居住和穴居的土拨鼠、地松鼠、场拨鼠以及美洲花鼠，有树栖的白天活动的树松鼠，还有夜行的飞鼠。鳞尾鼯鼠同样可看做是松鼠，尽管它们在分类学上不同于真正的松鼠。

● 挖掘者、攀爬者和滑行者

松鼠很好辨认，因为它们有圆柱形的身体、蓬松的尾巴和适于抓握的四肢。它们前腿短，前脚上有一个小型的拇指和其余4指；后腿比较长，后脚上要么有4个脚趾（北美土拨鼠）要么有5个脚趾（地松鼠和树松鼠）。大多数松鼠白天活动，非常活跃，有的时候非常聪明。它们在体型和生活习性上有多种，从地面居住、善于掘土的种类（土拨鼠、地松鼠、场拨鼠）到树栖的树松鼠和夜行的飞鼠。能够在相对多样的环境中栖息并且有广泛的觅食行为是它们分布广泛、种类种群众多的基础。

松鼠有一双大眼睛，眼圈颜色亮丽。眼睛长在脑袋的两侧，为它们提供了宽阔的视野，敏锐的视力使它们

↗ 亚利桑那州灰松鼠是一种树松鼠，分布在美国亚利桑那州、新墨西哥州和墨西哥的森林地区。树松鼠不冬眠，但是在寒冷的冬天会待在窝里，只在必须觅食的时候才离开窝。它们主要以坚果、种子、水果、嫩芽和花蕾为生。

知识档案

松鼠
目 啮齿目
科 松鼠科
共50属273种。

分布 分布最广泛的哺乳动物之一，世界大多数地方都有分布，但是澳大利亚、波利尼西亚、马达加斯加、南美洲南部、撒哈拉沙漠和阿拉伯半岛除外。

栖息地 多种多样，从热带雨林到北温带针叶林、苔原、高山草甸，再到半干旱的沙漠地带、农业用地和城市公园。有些种类为树栖，在树枝上和树洞里做窝；有些是陆栖，在地下挖洞。

体型 体长从很小的西非倭松鼠的6.6~10厘米到普通土拨鼠的53~73厘米，尾长从前者的5~8厘米到后者的13~16厘米；体重从前者的10克到后者的4~8千克。

皮毛 松鼠的皮毛呈多种颜色，多数种类每年换毛两次；在北方地区，夏季软软的毛秋末时要换为厚厚的、短而硬的冬季毛。没有性别二态性，皮毛质地和颜色不随年龄的变化而变化。

食性 树松鼠和飞鼠吃坚果、种子、水果、嫩芽、花、植物的汁，偶尔也吃真菌类；地面生活的松鼠吃草、非禾本科草本植物、花、鳞茎，尤其是种子。它们还吃昆虫、鸟蛋、雏鸟，小型脊椎动物。

繁殖 大多数种类的雌性比雄性成熟早，通常1岁大小就可以生育。多是"一雄多雌制"的，有些种类的雌性会与多个雄性交配，导致一窝幼崽的父亲有多个。大多数地面上生活的松鼠、飞鼠和树松鼠的北方种群在晚春时节生一胎；温带地区的树松鼠和美洲花鼠在夏季还可再生一胎。一般一窝生1~6只（最多11只），体型大的松鼠种类一窝所生的数目比较少。

寿命 地松鼠和树松鼠平均2~3年，最久可活6~7年；体型大的松鼠，像黄腹土拨鼠平均活4~5年，最久可活13~14年。雌性一般要比雄性的寿命长。

能够在很远处识别出哪些是危险的掠食者，哪些是不危险的同类。树松鼠和飞鼠以及美洲花鼠有双大耳朵，有些松鼠例如赤松鼠和缨耳松鼠还有显著的耳毛。所有松鼠的头、脚和腿的外侧都有触觉灵敏的触须。

松鼠科动物的牙齿排列与寻常的啮齿动物相同：上下颚上各有一对凿状门齿，与前臼齿间有一个大缝隙，没有犬齿。门齿能不停地生长，随使用而磨损；臼齿有齿根和用于研磨咀嚼的表面。下颚可以活动，下门齿可以独立使用。有些美洲花鼠和地松鼠有面部的颊袋，可用来盛放食物。

地面居住的松鼠体重很大，前肢强壮，爪子尖利而适于挖掘。而树栖松鼠体重比较轻，身体修长，前肢肌肉相对不发达，所有趾尖上都有锋利的爪子。树松鼠从树上下来时头在前面，后脚上爪子像锚一样紧紧抓住树皮。它们蓬松的尾巴有很多功能：奔跑和爬树时可起到平衡的作用，跳跃时可作为方向舵，睡觉的时候作为包裹身体的毛毯，还可作为旗帜传达各种信号。所有松鼠的脚底都有柔软的肉垫，使它们能够很好地抓住物体表

↗ 欧亚赤松鼠遍布欧洲和亚洲北部，图中的这只正在池塘里喝水。大多数种类的松鼠从它们所吃的食物中获取水分，而树松鼠却非常频繁地去池塘里喝水，尤其是在炎热的天气里。

面和食物。吃东西的时候，松鼠一般都是用臀部蹲着，用前爪抱住食物。在荒漠生存的长爪地松鼠的脚垫有毛皮覆盖，这使它们在发烫的沙子上走动时不会感到烫；另外，后脚周围的刘海般的硬毛在挖洞的时候能够推开沙子。

飞鼠就像其他的能滑行的哺乳动物，例如会滑行的狐猴和会滑行的袋鼯一样，身体表面覆盖有一层比较强壮的翼膜，当它们跳落时，可以当降落伞用。身上那一层有力的膜可以从后腿一直延伸到前肢，一旦从空中降落下来，靠前肢和蓬松的尾巴来改变方向。大的飞鼠可以滑行100米远，小的飞鼠滑行的距离很近。滑行是快速逃脱像松貂这类不会爬树的掠食动物追捕的最经济有效的办法，然而一旦在树上，飞鼠的行动就会受到翼膜的阻碍，这也许可以解释它们为什么在夜晚活动，它们是以此躲避目光敏锐的食肉鸟类。

树 懒

> 虽然树懒因被冻僵一样的缓慢运动而出名，但它们却是中美洲和南美洲热带地区最成功的大型哺乳动物。在巴拿马的巴罗克勒纳多岛，褐树懒和霍氏树懒这两个物种占了 2/3 的当地生物量，以及当地陆生哺乳动物能量消费量的一半；而在苏里南，它们至少占了当地哺乳动物总量的 1/4。专门树栖已经使它们取得成功，而靠吃树叶生活的方式更有显著的成效，以至于它们几乎没有竞争者和掠食者。

奥维耶多·瓦尔蒂斯，16世纪西班牙第一批对中美洲地区进行年代记录的记录者之一，曾经描述说他从来没有见过有比树懒还丑或者更无价值的生物。幸运的是，正是这种动物几乎从没有商业价值，使它们避免了被商业性地捕杀，但是大量的树懒尤其是二趾树懒在南美洲许多地区还是被当地人猎杀取肉。另外，现代旅游者都愿意付钱与那些从森林里被盗猎出来并放在南美洲城市街道上表演的树懒合影。巴西东南部的项环树懒已被认为是濒危动物，就是因为它们沿海岸的雨林栖息地遭到了破坏。所有的5种树懒的命运都与热带雨林未来的命运息息相关。

● 毛发里长绿藻

树懒有圆形的头和平整的面部，小小的耳朵藏在皮毛里。它们与其他树栖哺乳动物的主要区别就是它们的牙齿简单（只有5颗上臼齿和4颗下臼齿），高度进化的前掌和后掌末端卷曲的爪有8~10厘米长。

它们的大体外貌比较特别，但所有特别之处中最不寻常的是它们有时竟是绿色的。它们拥有一身短而致

↗ 这只褐颈的巴拿马三趾树懒正紧紧地贴在一棵树上。它的绿色是因为身上所长的绿藻，这些绿藻给它提供了伪装，也可以说是一种营养源——它或者通过皮肤吸收，或者直接舔食毛发以获取营养。

知识档案

树懒
目 异关节目
科 大地懒科（二趾树懒）和树懒科（三趾树懒）2属5种。

分布 中美洲和南美洲。
栖息地 低地热带雨林和高地热带雨林里；海拔2 100米的山地森林（只有霍氏二趾树懒）。
皮毛 硬质，粗糙，浅灰棕色到浅褐色，如果毛发里长有水藻就会有绿色；面部和颈部皮毛为暗色，肩部的要亮一些。三趾树懒的毛发长达6厘米，二趾树懒毛发则可以长达15厘米。
繁殖 南部二趾树懒和所有的三趾树懒怀孕期为6个月，霍氏二趾树懒为11.5个月。

寿命 12年（人工圈养的可以达到31年）。
二趾树懒
分布地从尼加拉瓜向南穿过中美地峡直到哥伦比亚、委内瑞拉、苏里南、圭亚那、法属圭亚那、巴西中北部以及秘鲁北部。有2种，即霍氏二趾树懒和南部二趾树懒。体长58~70厘米，体重4~8千克，无尾。
三趾树懒
分布地从洪都拉斯向南穿过中美地峡直到哥伦比亚、委内瑞拉、苏里南、圭亚那、法属圭亚那、厄瓜多尔海岸、玻利维亚、巴拉圭以及阿根廷北部。有3种：褐树懒，白颈三趾树懒，环项树懒。体长56~60厘米，尾长6~7厘米，体重3.5~4.5千克。

密的下层绒毛，以及长而粗糙的外护毛，在潮湿的环境下，毛发能变成绿色，这是因为有两种青绿色的藻类长在它们毛发的纵向凹槽中。这些能帮助它们在树的顶篷中很好地伪装。树懒皮毛的"作用"并不因此结束，因为里面还住着别的动物，包括蛀虫、扁虱，以及甲虫。所有种类的树懒都有很大而且多室的胃，胃中包含能帮助消化纤维素的细菌。胃满之后里面的食物湿重几乎达到了总体重的1/3，所吃的食物在完全进入相对短的肠道之前可能会在胃里消化不止1个月。树懒习惯在树下一个固定的地点排泄，粪尿大约每周只排泄1次。

树懒一般被分为2个明显不同的科（每科只有1属），可以通过趾的数量很容易地区分出这两类：二趾树懒属有2个指，三趾树懒属有3个指。

二趾树懒和三趾树懒都维持着很低且很容易变化的体温（在30℃~34℃之间），夜晚冷的时候会降低，在潮湿天气里也会降低，同时它们不怎么活动的时候也会降低。如此多的体温变化能帮助它们保存能量，因此树懒的新陈代谢速率只有按其体重来看应有代谢速率的40%~50%，同时它们的肌肉也比应有的比例低得多（大约只有大多数陆地哺乳动物相应比例的一半），所以不能通过颤抖来保暖。两类树懒都常去有树冠的树，并且通过不时地晒太阳来调节体温。

● 当"亲属"偶然相遇

当两科树懒的代表性物种偶然一起出现在覆盖中美洲和南美洲的热带森林里时，同一属里面的树懒会表现出或多或少的排外性，占领独有的领地范围。这些很相近的类群在体重上几乎没有什么差别（相差在10%以内），而且有十分相似的习惯，所以它们显然不能够共存。

但二趾树懒体重比三趾树懒重25%，并且它们用不同的方式来使用森林。在巴拿马运河流域的巴罗克勒纳多岛上的热带雨林里，褐树懒（三趾）的分布密度大约是每平方千米850只，比更大的霍氏树懒（二趾）要多3倍。这一体型小些的物种在24小时内的活动时间大约10个小时多一点；相比之下，霍氏树懒则只活动7.6小时，而且与它的夜行"亲戚"不同，它白天和晚上都活动。三趾树懒相互重合的领地范围大约是更大些的二趾树懒的3倍。尽管它们看起来较敏捷活泼，但只有11%的三趾树懒每天的活动距离会超过38米，大约40%会在一棵树上连续待2个晚上。不过三趾树懒一般换树的频率仍是二趾树懒的4倍。

↗ 在巴西马瑞斯州的雨林里，一只年幼的三趾树懒紧紧地抓住母树懒。尽管已经断奶4个星期了，年幼树懒还是经常与母树懒待在一起，这段时期至少有5个月。

● 小树懒继承母树懒的领地

树懒一般是全年繁殖的,但在圭亚那,白颈三趾树懒只在雨季以后才繁殖——在7~9月,而环项树懒的繁殖是无季节性的。树懒一般每胎只产1只幼崽,大约300~400克重,在地面上出生,由母树懒帮助找到乳头。所有种类的哺乳期大约都是1个月,但是幼崽可能比这更早开始食用树叶。它们由母树懒独自带6~9个月,以它们能够到的植物叶子为食,在离散时会发出低声或者有节奏感的哨声来重新团聚。在断奶以后,幼崽就继承了其母领地的一部分,这一领地由母树懒根据它自己食用树叶的口味来确立。对不同树种的继承选择的结果就是一些树懒能够占有相似的领地,但是彼此之间没有食物和空间上的竞争。这将会增加它们的数量,即使吼猴以及其他一些食叶动物在这一森林中出现。二趾树懒可能到3岁(雌性)或者4~5岁(雄性)才能达到性成熟。

成年树懒一般是独居的,它们互相交流的方式很少有人知道。据说雄性是通过在树枝上涂抹从自己肛门腺里分泌出来的黏液来宣示其存在的,并且它的粪便排放地也能让人信服地成为它的"幽会"地。在受到骚扰时,三趾树懒会通过鼻孔发出"唉—唉"的声音,而二趾树懒则是嘶嘶作声。

↗ 在玻利维亚格兰查科国家公园里,一只褐树懒正悠闲地在它树上的家园中活动。这种三趾树懒几乎把它们生命中全部的时间都消耗在了树枝上,每周只下到地面上一次或两次,还是为了排泄粪便。

刺猬和鼠猬

刺猬是欧洲大陆最为人所熟悉的野生动物之一，同时也是在野外被研究得最仔细的动物之一。之所以如此熟悉，其中一个原因就是刺猬遇到掠食者时常常采取有趣的策略，它身上的刺减少了寻找庇护所的奔波，这也意味着在花园——它们的主要栖息地，我们能相对容易地见到它们。它们在草坪上"漫步"，寻找可口的甲虫、蠕虫和其他无脊椎动物。但是在机动车充斥的时代，不跑动的习惯也让它们自己受害很多，像在花园里一样，我们在路边也常常能见到它们，不过往往都是死去的或者是快死的，它们成了人类交通工具的受害者。

然而，并非所有的刺猬都生活在人口密集的欧洲且离人很近，有些种类生活在非洲和中东的沙漠和干旱草原上。作为刺猬相对不为人知的近亲，鼠猬和毛猬的身上没有硬刺，它们栖息在南亚湿润的森林里，行为模式更像让人难以琢磨的鼩鼱。

● 爬满跳蚤的"盔甲"

刺猬、鼠猬和毛猬是脚掌着地行走的动物，也就是说每走一步它们整个脚掌都接触地面。它们有延长的头部和口鼻部，脑容量小，眼睛和耳朵灵敏。总体而言雌雄外形相似，但是雄性生殖器与肛门之间的距离大于雌性。刺猬每半边牙弓有2～3颗门齿，1颗犬齿，2～4颗前臼齿，3颗白齿，而且第一门齿要比其他牙齿大。

带刺的表皮覆盖了背部和头冠部

↗ 一只大鼠猬正在觅食。通常这个种类的身体是黑色的，头和肩呈白色，但有一些例外，如图上这只就全身都是白色的。

分，这使刺猬很难被认错。这些刺有锋利的尖端，内部有许多小空隙以减

知识档案

刺猬和鼠猬

目 食虫目
科 猬科
共7属23种。

分布 非洲、欧洲、亚洲（包括东南亚岛屿）。马达加斯加岛、斯里兰卡和日本没有分布。普通刺猬被人工引进到新西兰。

栖息地 树林、草地、城镇地区、干旱草原、低地森林、红树林、热带雨林、山区。

体型 体长从小毛猬和侏毛猬的10~15厘米到大鼠猬的27~45厘米，尾长从前者的1~3厘米到后者的大约20厘米，体重从前者的15~80克到后者的1~2千克。

皮毛 刺猬身上覆盖着尖刺——一种特化的毛发，典型的长度是2~3厘米。鼠猬和毛猬身上长的是毛而不是刺。

食性 主要吃无脊椎动物，包括甲虫、蚯蚓、毛虫、蠼螋、蛞蝓、蚱蜢，外加一些腐肉。非洲和亚洲的刺猬比它们的欧洲近亲要吃更多的脊椎动物，例如印度长耳猬总食物量的40%是脊椎动物。

繁殖 长耳猬属的怀孕期是30~32天，而阿尔及利亚猬是40~48天。

寿命 最长到7岁，无论野生还是人工圈养的。

轻重量。刺的基部有弹性，当受到重击的时候可起到减震器的作用。刺通常平躺在背部，每个刺的竖立都是由独立的肌肉控制的（就像所有哺乳动物的毛发一样），当竖立时会彼此交错相互支持。刺猬腹部下面毛很多但是没有刺，这样当它们蜷缩起来时不会刺伤自己。

刺猬还有其他区别于鼠猬和毛猬的特点。刺猬有很多乳头（4~5个，后两者只有2~3个），没有发达的肛门腺体，而鼠猬和毛猬有这种腺体，能产生难闻的气味，可以用来吓退敌人。刺猬有强有力的前肢和结实的爪，用于寻找食物和建筑巢穴等。它们跑得不快，有记录的最快速度是10千米/小时，但是能轻松爬过铁丝网之类的障碍物。鼠猬和毛猬能像大型动物一样，跑得比刺猬快得多，但是它们挖洞的效率就低多了。

尽管身上的刺能保护刺猬免受大型动物的捕食，相应却便利了小型噬血者的生存，因为一身无法穿透的刺使梳理变得很困难。跳蚤、蜱、螨和真菌感染在刺猬身上能达到一个很高的密度，一些刺猬身上携带的跳蚤能超过1 000只。它们同样也是一些体内寄生虫和细菌病毒的宿主，其中包括细螺旋体病毒，还能通过尿液传播给人类。

曾经有关于发疯的刺猬嘴里吐沫的报道，但实际上是这种动物有自己涂抹自己的习惯，它们会从嘴里吐出大量泡沫样的唾液涂满自己的后背。这种行为要求刺猬身体各部分有惊人的灵活性，并且只有当遇到强烈的气味、新奇的食物，或者别的刺猬、狐狸等时才会出现。对这种行为唯一切合实际的解释是：唾液泡沫可以清洁背上的刺，并且起到杀虫剂的作用。同样有证据表明这些泡沫在求爱时也起到一定作用。

刺猬主要在夜间活动。它们的眼睛能够很好地区分物体，但是可能只有单色视觉。像其他夜行动物一样，它们主要依赖嗅觉和听觉与外部世界沟通，它们大脑的嗅叶相应比较发达，而且被软腭里的一个亚可布森器官即犁鼻器放大，这个器官也能起到嗅叶的作用。这种辅助的感觉器官在很多脊椎动物身上都能找到，它们与极不相同的一些功能联系在一起（比如发现猎物与交配），但是它们在刺猬身上所起的作用仍然需要仔细研究。

刺猬身上有各种腺体，能产生潜在的有气味的分泌物。雄性有能够产生性标记气味的腺体，雌性阴道有分泌润滑物的腺体，口角处有分泌皮脂的腺体。人们已经很好地研究了长耳刺猬的听力，认为它们的听觉是非常灵敏的：长耳刺猬似乎能听见高达45千赫的高频声音，而人只能听到18赫兹～20千赫的声音范围。这种能力可能会帮助长耳刺猬确定地面无脊椎动物的位置，这些动物在土壤或者落叶堆里经过时会发出高频的噪音。相比而言，它们对低频声音的感知能力就弱一些。人们对鼠猬和毛猬的听觉能力的认识还很少，但是从刺猬身上总结出来的整体特点应该也适合于这两类动物。

↘ 刺猬的食物种类很广，能吃几乎所有的无脊椎猎物。下图是一只西欧刺猬正在吃一只蜗牛。

刺猬各种之间的基因关系曾经是很矛盾的，但是最近线粒体DNA和染色体组型的研究给这一窘境带来了一丝光明，DNA研究通过DNA序列的不同来确定种群中遗传的相关性，而染色体组型研究考察染色体数目的不同和形态的不同。目前分析过的刺猬种类都有48条染色体。西欧刺猬和东欧刺猬能够杂交，据此通常能把它们列为一个物种；然而线粒体DNA研究表明它们实际上有足够多的差异能够成为独立的两个种。在岛上生存的个体，如在大不列颠岛和克里特岛上的要比它们东方同类的体型小一些；另外西部的个体背部颜色浅一些，腹部颜色深一些。对欧洲和非洲刺猬的染色体组型分析已经证实，单纯基于相似外形而划分到一个属的不同种类之间，在遗传上的亲缘关系确实比不同属的更近一些。

● **猎食无脊椎动物**

尽管刺猬、鼠猬和毛猬栖息地不同，生活习性也不同，但是它们大多都把甲虫和蚯蚓归入自己的食物种类，而且都有吃其他无脊椎动物的嗜好，这些猎物包括毛虫、蠼螋、蛞蝓、蟋蟀和蚱蜢。在家庭花园和公园觅食的普通刺猬种群主要以蚯蚓和蛞蝓为食（它们不吃大个的蜗牛，因为它们似乎无法打破那些厚壳），而那些在灌木丛和地中海干旱地区荒野中茂密的灌木植被里觅食的种类则以其他无脊椎动物为食。普通刺猬的胃内容物和粪便里通常也含有脊椎动物的残余部分——蛙类、雏鸟、田鼠、鼩鼱、鼹鼠、蜥蜴和蛇都曾经出现在其胃和粪便中。通常来讲肉类在刺猬的食物种类里并不占重要的比例。人们对它们随年龄增长而产生的食物种

这是刺猬和鼠猬的一些代表种类：1.沙漠刺猬；2.北非刺猬；3.鼩毛猬；4.长耳猬；5.短尾毛猬；6.大鼠猬；7.棉岛鼠猬；8.海南毛猬。

类变化进行的研究表明，普通刺猬捕猎的有效性随年龄的增长而增长。幼年刺猬的猎物大小都有，而年龄大一些的则集中到较大的猎物上，这可以降低不同年龄段个体之间的竞争。

和普通刺猬相比，非洲刺猬、长耳猬、印度长耳猬和亚洲刺猬的食物种类中脊椎动物所占的比例更大，种类更多，包括青蛙、蟾蜍、沙蜥、刺蜥、蛇和小型啮齿类等。一项对印度长耳猬的研究表明，脊椎动物（特别是两栖类和哺乳类）构成它们胃内容物干重的40%。少数几项对栖息在山区或雨林的鼠猬和毛猬食物种类的研究，表明它们主要寻找无脊椎动物作为食物，可能还吃一些植物性食物。唯一的例外是大鼠猬，它们栖息在红

↗ 一只西欧刺猬蜷缩在一堆枯叶上，露出了它相对薄弱的胸腹部。刺猬蜷缩得越紧，身上的刺就张开得越充分。

树林和低地植被区，据报道它们能下水捕食螃蟹、软体动物和鱼。

● **危险的冬眠期**

由于一身带刺的毛皮，刺猬少有天敌。狗和狐狸只是偶尔能够打破它们的防御；人们曾经观察到，在几次备受痛苦的努力之后，连狮子也放弃了蜷缩成一团的非洲刺猬。能对刺猬构成重大威胁的掠食者是大型猛禽，它们能用脚爪剥开刺猬；此外还有獾，它们能把其口鼻部伸进紧紧蜷缩在一起的刺猬腹部的小缝里，然后吃掉它，只留下一张带刺的皮。獾作为刺猬的掠食者，实际上是个很有趣的生态学实例，因为两者捕食相同的猎物（蚯蚓），并且獾只要一有机会，就会吃掉刺猬。这会影响到刺猬的分布模式，因为那些食物和庇护所都充足的地方，由于獾的捕食，它们无法在那里生存。过去10年的实验表明，刺猬的密度在没有獾的地区可以比有獾的地区高10倍（200～300只每平方千米对应50只每平方千米）。圈养和野生的刺猬都会避免进入沾有獾气味的地区里觅食，而且獾的出现能增加刺猬的死亡率和刺猬种群的分散程度。

天气变冷时，刺猬会进入冬眠状态，这就大大降低了它们平时维持活动保持体温所消耗的能量。虽然冬眠能够提高生存率，但是大约有一半进入冬眠的刺猬在下一个春天来临时无法苏醒过来。刺猬在它们需要的时间和地点休眠，这取决于不利的气候条件而不是固定的每个季节。例如在北非，非洲刺猬一整年都很活跃，那些栖息在欧洲南部的刺猬在冬季大约有1~4个月的较短冬眠期，而栖息在最冷的南非地区的种群每年的6~8月是其冬眠期。平均而言，欧洲的刺猬在欧洲北部的冬眠期从10月到次年4月，而那些栖息在温带地区的只在最冷的冬季进入冬眠期。人工饲养的刺猬如果得到充足的食物并保持温暖，就不会冬眠。

冬眠要求有能量的积累，因为它们要在不进食的情况下挺过很长的一段时间。能量的积累是在夏末通过储存皮下和腹部的白色脂肪，还有辅助性的胸部、颈部和脊椎附近的褐色脂肪完成的。白色脂肪（最普通的那种）能充当保温层，并且消耗于一般代谢中；褐色脂肪是休眠动物所特有的，它的作用是启动那些能够将动物从冬眠中唤醒的体内热量的产生。

在白天，刺猬在铺满落叶、草和树枝的巢穴里休息，如果天气足够温暖，它们就睡在木堆里、厚灌木丛中或者直接睡在落叶上。在一个季节里

↗ 这是一只处于攻击姿势的刺猬。因为依赖身上的刺提供保护，刺猬经常在没有或者少有掩护的地区四处走动，当受到干扰的时候它们一般静止不动，同时把身上的刺竖起来。

↗ 这是沙漠刺猬头部的特写。逐步加速的沙漠化正在导致这种刺猬种群的碎片化分布。

刺猬会使用很多日间巢穴，每个巢穴则经常被很多不同的个体使用。尽管人工饲养的刺猬经常睡在一起，但在野生状态下从没有过几只同时分享一个巢穴的报道。雌性用于生育的育幼巢与日间巢穴有相同的结构，但是冬季冬眠巢穴要更结实一点，因为它们要被连续使用数月。长耳猬、印度长耳猬和沙漠刺猬都生活在相对干旱的地区，它们使用洞穴要比普通刺猬频繁一些。

每天晚上刺猬都在它的领地里以100～200米/小时的速度四处走动。不同于多数其他哺乳动物，欧洲的刺猬并不拥有并保护一块排他性的领地，它们用于觅食、休息、繁殖的地方通常是和同类（雌性和雄性）共享的，当资源很稀缺或者资源的时空分布不易预见时，这种类型的空间分配和占据方式更会占上风，因为蚯蚓和其他无脊椎动物分布不均匀，丰度也随着季节波动。如果捕食场所允许，比如食物很丰富，那么刺猬在觅食的时候就会同其他同类有近距离的接触，其他情况下则会彼此分开，但它们是不会为了一个更公平的空间分配而"大打出手"的。

一只普通刺猬在一年里的领地面

积通常小于40公顷，如果资源丰富的话还要远远小于这个数字：在有花园的城市地区，刺猬的密度能够达到很高的水平（甚至平方千米数百只）。平均而言，雄性要比雌性占据的面积大（是其两倍甚至更大一些）因而相应地在一次行动中要走更长的路。其他的刺猬、鼠猬、毛猬的领地问题很少为人所知，而沙漠刺猬的活动面积要比欧洲刺猬的大。大鼠猬则是独居的领地保护性的动物。

雄性刺猬要比雌性从冬眠中醒来得早，然后开始觅食以增加体重。3～4周后雌性也从冬眠中苏醒过来，这个时候雄性开始扩大活动面积以寻找交配机会。

35天的怀孕期后，雌性能够产下4～5只幼崽，每只身长7厘米，体重10～15克。它们出生时刺都藏在皮肤下面充满液体的小囊里，以防止分娩时对母刺猬造成伤害。在24小时内这种液体就会被吸收，然后刺就长了出来。以后带有色素的成体型的刺会补充进来，并最终取代其他所有的刺。小刺猬在2～3天内就能把刺竖起来，2～3周后就能蜷缩成小球。大约在第3周，随着乳牙的长出，它们就开始跟随母刺猬出巢活动。出生第6周时断奶，在这之后，小刺猬开始大量觅食以积累脂肪储备，并寻找一个合适的冬季巢穴，并在下一个春季来临时性发育成熟。栖息在热带气候条件下的大鼠猬和小鼠猬还有侏毛猬整年都可以繁殖（后者可能每年繁殖超过2窝，对于前者情况知道得比较少），每窝大约产1～3只幼崽。

刺猬与蝰蛇

数世纪以来民间故事就一直在传递着有关刺猬独特适应性的知识，而下面所讲这一知识却一直被科学界所忽视，

即刺猬对蝰蛇毒液有抵抗力。这种抵抗力可能不完全，并且有个体的差异，它是一种名为猬酶的抗出血因子所赋予的，这种因子是刺猬肌肉中所含的一种蛋白，它能抑制蛇毒的致出血性和蛋白水解酶的活性。一身防御性的刺再加上猬酶，刺猬实际上能攻击（如下图）并吃掉蝰蛇，尽管这并不会发生。

对蛇毒的抵抗性不仅限于刺猬，其他不相关的动物如负鼠和獴也显示出这种能力。欧洲食虫目动物中鼹鼠和鼩鼱的肌肉提取物也有抗出血效果，尽管不那么显著。其他哺乳动物如普通老鼠和兔子则没有这种特性。